身心灵魔
品／格／丛／书

仁慈

。沐浴在美德之下

仇志英◎著

中国出版集团　现代出版社

图书在版编目(CIP)数据

仁慈:沐浴在美德之下 / 仉志英著. —北京 : 现代出版社,2013.12
(身心灵魔力书系)
ISBN 978 – 7 – 5143 – 1984 – 2

Ⅰ. ①仁… Ⅱ. ①仉… Ⅲ. ①散文集 – 中国 – 当代
Ⅳ. ①I267

中国版本图书馆 CIP 数据核字(2013)第 313630 号

作 者	仉志英	
责任编辑	刘春荣	
出版发行	现代出版社	
通讯地址	北京市安定门外安华里 504 号	
邮政编码	100011	
电 话	010 – 64267325 64245264(传真)	
网 址	www.1980xd.com	
电子邮箱	xiandai@ cnpitc.com.cn	
印 刷	北京兴星伟业印刷有限公司	
开 本	700mm×1000mm 1/16	
印 张	13	
版 次	2019 年 4 月第 2 版 2019 年 4 月第 1 次印刷	
书 号	ISBN 978 – 7 – 5143 – 1984 – 2	
定 价	39.80 元	

P 前　言
REFERENCE

　　为什么当今时代的青少年拥有幸福的生活却依然感到不幸福、不快乐？怎样才能彻底摆脱日复一日的身心疲惫？怎样才能活得更真实、更快乐？

　　许多人一踏上社会就希望一鸣惊人，名利双收地拥有一切。这样急功近利，不注重人生的积累，是难于起飞的；相反，能不辞辛苦地为自己拓展好助跑的跑道，从而争取优势不断发挥，才能逐渐使事业有所发展。那么给生命一个助跑的过程吧，这样，我们的人生就可以飞得更高。

　　一个人的成长、成熟、成功，其实是一个不断进行积累的循序渐进的过程，人的身上要拥有无穷大的潜力，主要靠平时的积累。助跑的过程其实就是让自己的潜力得到极致发挥的一种措施，就是为了让自己跑得更快、跳得更高、跳得更远。可以说，助跑的过程是一个漫长的过程，但没有这个过程是不可能最终获得成功的！我们每天都在积累，我们每天都在助跑，因为我们的心中有一个目标！

　　越是在喧嚣和困惑的环境中无所适从，我们越觉得快乐和宁静是何等的难能可贵！其实"心安处即自由乡"，善于调节内心是一种拯救自我的能力。当人们能够对自我有清醒认识，对他人能宽容友善，对生活无限热爱的时候，一个拥有强大的心灵力量的你将会更加自信而乐观地面对现实、面向未来。

　　本丛书将唤起青少年心底的觉察和智慧,给那些浮躁的心清凉解毒,进而帮助青少年创造身心健康的生活,来解除心理问题这一越来越成为影响青少年健康和正常学习、生活、社交的主要障碍。本丛书从心理问题的普遍性着手,分别描述了性格、情绪、压力、意志、人际交往、异常行为等方面容易出现的一些心理问题,并提出了具体实用的应对策略,以帮助青少年读者驱散心灵的阴霾,科学调适身心,实现心理自助。

C目　录
ONTENTS

第一章　仁慈是一种生活方式

仁慈的秘密 ◎ 3

仁慈是道德的修养 ◎ 7

活在仁慈的世界里 ◎ 10

第二章　仁慈需要修炼同理心

说说同理心 ◎ 15

健全的心智 ◎ 19

勇敢面对痛苦 ◎ 22

第三章　高尚心态铸就好人生

以平常心追求卓越 ◎ 27

安于平淡的爱因斯坦 ◎ 31

功成身退的范蠡 ◎ 35

能屈能伸大丈夫 ◎ 41

看荣华富贵如云烟 ◎ 43

穷奢极侈的商纣王 ◎ 46

第四章 世间没有完美的事

不要为打翻的牛奶哭泣 ◎ 55

直面现实是一种勇气 ◎ 58

让挫折成为财富 ◎ 63

该说"不"时要说"不" ◎ 67

开放自己封闭的头脑 ◎ 70

用耐心去等待成功 ◎ 73

不要一味地模仿别人 ◎ 76

第五章 宽容是一种至高境界

保持一种创新思维 ◎ 81

关注并保持心理健康 ◎ 86

善待自己 ◎ 90

敢于向别人证明自己行 ◎ 93

马上行动最重要 ◎ 97

第六章 努力让自己快乐起来

成功有赖于团结协作 ◎ 103

把恐惧拒之门外 ◎ 106

要给自己树立目标 ◎ 109

满怀希望地活着 ◎ 112

为人处世应互相忍让 ◎ 115

学会感恩 ◎ 120

第七章　跌倒了再爬起来

不要放弃每一个机会 ◎ 125

失败是人生的考验 ◎ 131

想要得到　先要付出 ◎ 136

对金钱要有清醒的认识 ◎ 139

活在当下 ◎ 143

第八章　包容的方与圆

包容不是迁就 ◎ 151

有自己的原则 ◎ 153

把握善良的尺度 ◎ 155

忍让的标准 ◎ 158

忍让要讲究对象 ◎ 160

忍辱要有智慧 ◎ 162

沉默未必是金 ◎ 165

不做沉默的羔羊 ◎ 167

不泄一时之恨 ◎ 170

忍一时与忍一世 ◎ 173

强者自救　圣人救人 ◎ 175

第九章　控制情绪　修炼仁慈心

别让情感超越理性 ◎ 181

自我调控的能力 ◎ 186

了解情绪智力 ◎ 191

做自己的情感导师 ◎ 195

第一章
仁慈是一种生活方式

　　无可讳言,活在一个仁慈的世界里,我们会富足许多。仁慈是一种放诸四海而皆准的药方——它先治个人,因为唯有具备关怀他人能力、爱自己的人才是健全的人。继而治所有世人,因为人际关系越融洽,我们就越快乐、越成功。

　　仁慈不是奢侈品,而是必需品。如果我们彼此能多一分善待,我们就能继续和谐存活,这个星球就能欣欣向荣。更好的是,当我们变得仁慈时,说不定会发现这是送给自己的最佳礼物——一份最聪明、最珍贵的大礼。

仁慈的秘密

老太太连东西都懒得吃了。在世上孤零零的，她觉得所有人都忘了她。她万念俱灰，连吞咽都困难。光是想到咀嚼食物就已经让她无法忍受。

她把自己锁在无声的悲伤里，一心等待死亡。

这时候，蜜黎娜闯了进来。蜜黎娜是我的姨妈，每天下午她都会四处巡视，照顾无家的游民，敬老院里被遗忘的老人，被忽视的孩童，被社会放逐、适应不良的边缘人，垂死挣扎的患者……她会想办法让他们开心起来。

蜜黎娜遇到了那位不再吃东西的老太太。她对她说话，想引她开口说话。

老太太用微弱的声音说起她的儿女，说他们太忙无法照顾她，现在更是不来看她了。她没有病，她只是因为吃不下，所以没有力气，又因为没有力气才吃不下东西。

蜜黎娜建议："要不要来点冰激凌？"很怪的点子，要一个奄奄一息的人吃冰激凌。可是这点子奏效了。随着一匙匙冰激凌下口，虽然极缓慢，老太太的气色、声音和活力都恢复了不少。

就这么简单，有如神来之笔：给无法进食的人容易入口的美味，很快就能让她的精神振作起来。

不过，这个解释是片面的。

蜜黎娜会想到用冰激凌的办法，是因为她把老太太放在心上。因为她看得出来，老太太需要的不只是食物，而是关怀和关注；这和我们所有的人需要的没有两样，一如我们需要氧气。老太太在吃到冰激凌之前，先感受到了被理解的温暖，而让她的脸色恢复红润的不单是食物，更重要的是一个简单的仁慈举动。

仁慈？或许我们想到这个主题都会觉得荒谬。我们的世界还有暴力、战争、恐怖主义和毁灭。

然而，生命之所以继续，正是因为我们以仁慈对待彼此。我们只是不以为意，没有替它大肆宣扬而已。

明天没有一家报纸会刊载某个母亲为孩子在床边讲故事、某个父亲替家人准备早餐、某个人专心倾听别人说话、某个朋友替我们加油打气、某个陌生人帮忙提手提箱……

可是如果我们仔细想想，会发现日常生活当中，仁慈的人、仁慈的事处处可见。我们很多人都是仁慈的，只是连自己都不知道。我们做仁慈的事情，纯粹是因为那是对的。

我的邻居尼可拉一向忙碌，可是他绝不错过任何帮助人的机会。每当我或妻子、孩子必须从我们位于乡下的家前往机场时，他立刻说要送我们去。之后他会替我们把车开回家，在车库停好，如果我们要离家很久，他还会为我们取出电瓶。

等我们归来，他会到机场接我们——不管是酷暑难当还是天寒地冻，他一定到。

他为什么要这么做？是什么驱使他花掉半天的工夫、不分昼夜地帮我们这个忙？他大可选择其他更紧急或更有趣的事情去做。他大可把我们载到最近的火车站就好。可是他不，永远是服务到家。只要力所能及，他总会想办法伸出援手。

这就是纯粹、不涉及利害关系的仁慈的故事。这样的事听来或许特别，却绝非特例。恰恰相反，它包含了诸多人际互动的因素。盗窃、谋杀我们时有耳闻，可是幸亏有尼可拉这样的人，世界才能继续前进。我们生活的经纬是由关怀、同情心、互相服务等编织而成的。这些特质深植在日常事务当中，我们往往不曾留意。

接受仁慈对我们的益处，请你回想一桩别人曾经对你做过的仁慈举动。它可大可小：一个为你指点车站方向的路人，或是一个为了让你免于成为"波臣"而纵身投入河中的陌生人。这件事对你可有什么影响？
这样的影响大多是有益的，因为如果有人在我们亟须帮助的时候伸出援
手，我们会感到如释重负。

　　每个人都希望自己的心声被听到，喜欢得到温暖友善的对待，喜欢
被了解、被呵护。仁慈，让我们的生命得到了救赎。

　　这种关系的另一面也有同样的效果。施予仁慈和接受仁慈一样，对
我们的好处不分轩轾。如果你接受我在本书所勾勒的广义的仁慈定义，
你大可拍着胸脯保证，因为科学研究证实过，仁慈的人比较健康长寿，
比较受人欢迎、生产力较高、事业较为成功，也比较快乐。换句话说，
仁慈的人比较强健，势必要比欠缺这种特质的人更有趣，也更能拥有完
美的人生。仁慈的人等于有更好的装备，去面对人生的诡谲莫测和惊涛
骇浪。

　　不过，我已经听到有人驳斥的声音：如果是为了自己的快乐和长寿
而以仁慈待人，那么我们岂不是扭曲了仁慈的本质？如果仁慈纳入心机
的计算、自我利益的考虑，它就不再是仁慈。

　　一点也不错。仁慈本身就是它的目的，不能出于其他任何动机。仁
慈真正的好处就是居心仁慈。仁慈为我们的生命带来意义和价值，带领
我们超越烦恼和争斗，让我们对自己满意，重要性或许更甚于其他生命
要素。

　　就某种意义而言，所有显示仁慈好处的科学研究都是无用的——这
些研究并不是有用的诱因，因为仁慈唯一的诱因就是伸出援手的渴望、
慷慨助人、关注别人的生活而得到的乐趣，除此之外别无其他。

　　不过，从另一个角度来看，这些研究还具有非凡的重要性：有助于
我们了解自己。如果体贴关怀、富于同情心、开放心胸接纳他人的人比
较健康，这就表示我们的仁慈是与生俱来的。

　　进一步说，任由敌意滋生或是抱恨终生，我们不可能达到最好的境
界。而如果我们忽视或压抑这些正面的特质，很可能既伤人也伤己。一
如精神学者亚柏多·艾柏提所说，没有表达出来的爱会变成恨，没有尽
情享受的喜悦会变成压抑。是的，上苍造人的时候，已经为我们设计了

一颗仁慈的心。

科学研究是了解自己的有用工具，不过并不是唯一具有决定性的工具。随年龄而增长的智慧、伟大的艺术成就、自我独立的直觉，都有助于我们了解自己。

仁慈具有种种不同的面向，它可以变成一场卓越的心灵升华，彻底改变我们的思考模式和生活方式，让我们加快个人和心灵的成长。

仁慈是道德的修养

在伟大的诗人眼里，爱护天地万物、与所有的生灵和谐共存乃生命的精髓，也是人生最大的胜利。

例如，但丁在《神曲》中历经了地狱和炼狱之旅，在目睹各种人性的扭曲和不快乐之后，他升入天堂，趋近旅程的终点。在那朵神秘的玫瑰花当中，他看到一位"含笑的美女"——那就是圣母，女性的原型。根据某些译者的阐释，整部《神曲》其实是一趟发现之旅，是一个男人和他阴柔面及失去的灵魂重新聚合的过程，而这里的灵魂指的就是这个人的心，以及感受和爱人的能力。

殊途同归的是，德国剧作家歌德在他毕生呕心沥血的巨作《浮士德》中得到了同样的结论。

根据浮士德和魔鬼订下的契约，他必须在一生中找到某个让自己的生存富有意义的时刻，否则就得永远成为魔鬼的俘虏。他在感官享受的极致、钱财权势的狂喜、科学知识的大梦中孜孜寻找快乐，可是一无所获。

最后，当他似乎丧失了一切，扬扬自得的魔鬼前来索取胜利时，他却在永恒的女性特质中找到了生命的完满——爱、柔情和温暖。

且让我们回到现实。现在各位应该很清楚，我说的是真正的仁慈。上苍让我们免于虚伪——出于自利的礼貌、工于心计的慷慨、流于浮面的礼数——也让我们不至于沦于违反自我意愿的仁慈。

如果某个人帮我们的忙只是出于罪恶感的驱使，还有什么事比这个更尴尬？心理分析学界也提到了另一种仁慈：暗藏着愤怒的仁慈，亦是一种"反向作用"。

想到自己满心愤怒，我们就不免心烦意乱，因此我们在潜意识里就压抑这个阴暗面，刻意孜孜行善。可是，这是一种虚假、不自然的仁慈，和我们心底真正在乎的毫无关联。

另外，脆弱有时候会以仁善的面目现身：你心里很想说不，却每每点头答应；因为想讨好别人，所以随波逐流；因为害怕得罪人，所以节节退让。一个太过懦弱、凡事唯唯诺诺的人，到头来会落得全盘皆输。

所以，让我们扬弃所有这样的仁慈。我的重点是：真正的仁善是一种强韧、真诚、温暖的自然状态。它是好几种不同特质的交互作用，例如温暖、信任、耐心、忠诚、感恩，不止一端。

本书各章就是从每一种特质的角度来谈仁慈的，就像同一个音乐主题有不同的版本变化。这些特质缺一不可，否则仁慈既不真诚，也欠缺信服力。

反过来说，如果我们用心培养、发扬光大，每一种特质都足以促成心灵的改革，大大改变我们的生活。而这些特质一旦携手合作，行动会更有效，成果也更丰厚。从这个观点来看，仁慈不啻是心理健康的同义词。

仁慈和源出于它的各种特质好处多多，不一而足。为什么心存感恩的人做事较有效率？为什么有归属感的人比较不会垂头丧气？为什么为别人着想的人较为健康，信任别人的人比较长寿？为什么你微笑的时候别人会认为你比较漂亮？为什么养宠物有益身心？为什么常跟别人聊天的老人较少罹患阿尔茨海默病？为什么受到较多爱与关怀的孩童比较健康也比较聪明？因为这些态度和行为都关乎仁慈，能让我们更接近人生的目的和本质。它的道理其实基本之至：人际关系越融洽，我们就越快乐。

我们后面会看到，仁慈有许多不同的表现，可是它的精髓却简单至极。

我们会发现，仁慈是一种无须太费力的处世之道。它是一种经济实惠的态度，因为它省去了我们浪费在猜疑、忧虑、愤恨、钩心斗角或是无谓设防上的大量精力。这种态度是减法，将不必要的东西剥减殆尽，我们便能回归到简简单单的本来面目。

只是，这个工作不见得容易。

我们有时置身的状况常是败事有余，这是因为人类自身处于一种"全球冷化"当中。人际关系越来越冷漠，人与人的交流有如急就章，仿佛事不关己。利润、效率之类的价值观重要性日益升高，人情温暖和实体接触因而被牺牲，亲情和友情受到磨难，越来越难持久。"全球冷化"处处有迹可循，尤其当它化身为日常生活的小灾小厄而影响到我们的时候，更是明显可见。

活在仁慈的世界里

你打电话要找个人谈话，结果听到的是语音留言，告诉你一大串选项。你停了车，发现停车场的服务员已经变成计费码表。你等朋友写信来，结果收到了电子邮件。你深深喜爱的农场不见了，水泥建筑取而代之。你注意到，老年人得到的照顾和尊重今不如昔。你的医生不听你说话也不看你，只专心看检验结果。小孩子不再到后院玩球，只在电动游戏的虚拟世界里活动筋骨。另外，寻常生活的人情味日益减少，人情温暖被当成了商品贩售：家庭手工冰激凌、古法烘焙的面包、老奶奶擀制的面条、仿佛让你回到子宫的汽车、让你有如当面对话的电话。

人类的感情不可能恒久不变，它的主调和重点会随着世纪的变迁而异。现在，我们不妨来谈谈情感的历史。我相信我们正经历一场心灵的"冰河时期"，这个时期大约始于工业时代，一直持续到如今的后工业年代。冰河时期的导因不一而足：新的生活情境和工作形态、科技的日新月异、大家庭的衰落、将人们从出生地连根拔起的大批移民潮、价值观的薄弱、现代世界的分崩离析和浮浅化、快马加鞭的生活步调。

别误会我，我并不是怀古恋旧。恰恰相反，我认为我们居住在一个很不平凡的世纪里。想培养同情心、仁慈、对他人的关怀，我们拥有远比以往任何时代都丰富的知识和工具，成功的概率也更大。话说回来，我们目前置身的"冰河时期"令人忧心。如果说它和抑郁症、惶然无措两种流行病是联手的盟友，我不会感到惊讶，因为这两种心理疾病最可能的导因除了日益薄弱的归属感外，就是缺乏温暖和一个令人安心、提供保护的社群。

仁慈本身看似微不足道，其实它是我们生活的中心要素。它的力量惊人，足以让我们洗心革面——说不定比任何心态或技巧的威力都大。阿尔多斯·赫胥黎（1894—1963，英国作家、批评家）在研究各种旨在发挥"人类潜力"的哲学和技巧上堪称先驱，他研究过林林总总的方法，例如吠陀哲学（印度最古老的宗教文学）、幻觉、劳筋动骨、静坐冥思、催眠和禅学。他在临终前的一次演讲中说："常有人问我，转化生命最有用的技巧是什么。经过这么多年的研究和实验，我实在有点难为情，可是我必须说，最好的答案就是——仁慈一点。"

虽然无可怀疑我们都心怀利己的念头，但我们同时也是这个星球上最残忍的物种。人类的历史充满了邪恶和恐怖。然而，如果就此认定人性唯善或唯恶，这种观念既危险也失真。原始人为求生存而以暴力和欺压手段互相争斗，这样的影像有误导之嫌；如果人类漫长的进化算是成功，那也是因为我们仁慈。我们养育、呵护幼辈的时间，比任何哺乳动物都来得长。人类因为懂得休戚与共，促成了彼此的沟通与合作。我们就是以这样的方式面对横逆、发挥才智，善用多种资源。拜我们付出与感受的温暖及关怀所赐，到目前为止我们还是赢家——因为我们会互相帮助。在 21 世纪，一个仁慈的人在这个暴力充斥的世界里并不是怪异的突变物种。无论男女，这人其实是个懂得将曾经有助于人类进化的诸多天赋发挥到极致的人。

无可讳言，活在一个仁慈的世界里，我们会富足许多。仁慈是一种放诸四海而皆准的药方——它先治个人，因为唯有具备关怀他人能力、爱自己的人才是健全的人。继而治所有世人，因为人际关系越融洽，我们就越快乐、越成功。

无论是何等程度的教育，仁慈都是基本的功课，因为在温暖、专注的氛围中学习，要比在淡漠和压抑的环境中学得更多、更好。受到温柔对待的小孩人格养成更健全，受到尊重和关注的学生进步更快。健康方面亦然，仁慈也是一个重要元素：受到同情心和关爱对待的患者痛苦较少，痊愈较快。

而商场上又如何呢？我们依然可以获得同样的结论。剥削劳工，破坏环境，欺瞒顾客，助长浪费风气的企业短期内或许能获利，长远的竞争力则远不如重视环保，不占员工便宜，诚心为客户服务的组织。

政治圈内，仁慈是放下强权主导的心态和长年的钩心斗角，同时懂得尊重他人的意见、需求和历史。大家越来越清楚，以暴力和战争来解决世界的纷争，是极其粗糙又无效率的手段，它只会挑起众怒，从而制造新的暴力、纷乱、苦难、贫穷和资源的浪费。

最后，就人类和大地之间的关系而言，仁慈也是首要之务。大自然理当得到我们的敬畏，如若我们不予尊重爱护，不以仁慈之心对待，迟早会自食恶果，被自己的毒药所杀。

话说回来，我们依然不知道自己真正是什么样的人。一个足以定江山的论断还没有出现。我们有能力做出最令人发指的罪行，也有能力展现最崇高的行止。善恶这两种潜能都不够深固，不能让我们确定是哪一种主导了人性。

我们必须带着这样的问号活下去，不过，或许我们有能力可以选择。

是的，决定权在我们。这是所有人类的生命抉择：要选一条自私自利、误滥偏颇的途径，还是一条同甘共苦、仁慈和善的道路。这是人类历史上一个令人激奋又危险的时刻。在这样的时刻，仁慈不是奢侈品，而是必需品。如果我们彼此能多一分善待，我们就能继续和谐存活，这个星球就能欣欣向荣。更好的是，当我们变得更加仁慈，说不定会发现这是送给自己的最佳礼物——一份最聪明、最珍贵的大礼。

第二章
仁慈需要修炼同理心

　　仁慈关乎我们身上最柔软、最亲密的一面。它是我们的本性之一，可是这个层面往往没有充分表露——尤其是我们文化中的男性，女性亦然。这是因为我们害怕自己脆弱的一面一旦曝光，会受苦受罪——我们会遭到攻讦、嘲笑或耍弄。可是我们后面会看到，我们之所以受苦受罪，反而是因为不将仁慈表露于外。事实上，只要我们触及了这个柔软的核心，整个感情世界会变得生气蓬勃，无数的可能性也随之开启。

说说同理心

　　虽然我不是音乐家，不过这双手曾经有幸握过一把做工精致的古董小提琴。那把琴制作于 18 世纪，而令我讶异的是，除了优美和谐的线条、漂亮的木头纹理，我将它握在手上的时候竟能感受到它的振动。它并不是一个没有生命的对象。它会和周遭的声音相应和，例如另一把小提琴、驶过街上的电车、某人的话音。如果你手握的是一把工厂大量制造的普通小提琴，它绝不会振动。尽管周遭的声音成千上万种，普通小提琴依然无动于衷。为掌握如此幽微的敏感特质和异乎寻常的共鸣性，制作这把古董小提琴的师傅必须对木材和它的属性有深刻的认识。他们不但具备切割木材、装饰乐器的天赋，还得有代代相传的传统手艺做后盾。小提琴令人惊叹的响应属性不只是出于被动，它是主动唱和。它能创造不同凡响的美妙乐音，也有与他物共鸣的能力，两者相得益彰，因此流泻出一种有灵魂的音乐，足以撼动人心，启发性灵。

　　人类也像那把小提琴——至少有这个可能。打从呱呱坠地开始，我们就具备了和其他人类声气相和的能力。一个新生婴儿被抱到啼哭的婴儿前面，他也开始啼哭。从一开始只是简单共鸣本能的同理心，借着一点一滴的累积，最后发展成一种体恤他人情感的能力：认同。

　　可是，如果这种能力没有发展完全或是受到阻滞，我们会很惨。如果我们对他人的感受浑然不觉，所有的人际关系都会变成永远无解的哑谜。不把别人看作有血有肉的生灵，而以无异于一台冰箱、一盏街灯的物体视之，我们会任由自己操控甚至侵犯他们。反过来说，如若同理心得到充分发展，生命会变得多姿多彩、无比富饶。我们能够走出自己，进入他人的生命。人际关系成了趣味的源头，为个人的感情和性灵提供养分。

　　无论我们的内心世界多么广阔而多元，它依然是个封闭的体系，终究狭隘而压抑。我们的思绪、忧虑、欲望充塞其中——难道只有这些吗？有时候似乎如此。可是，一旦走出内心世界，进入他人的心灵，对别人的热情、恐惧、希望、痛苦感同身受，我们就像进入太空在星球间探险——只是前者容易得多。封闭自己、拒人于心门之外，会让我们失去平衡，反之，进入他人生命让我们更健康、更快乐。唯我独尊、自我中心的心态容易滋生郁闷和焦虑。众所周知：最自私、最罔顾别人的人，最容易感到害怕，也最郁郁寡欢。

　　打从史前时代开始，同理心就是人类存亡的关键。人类唯有加入群体，才能共生共荣，而如果个人不能感受他人的情绪和心意，要如何与群体共存？观诸日常琐事，道理亦然；有人喜欢插队、在街上乱丢垃圾、别人睡觉的时候制造噪声，他们之所以如此，就是因为没有能力顾及别人的感受。同理心是沟通、合作的前提，也是社会凝聚力的先决条件。抹杀了它，人类会回到蛮夷状态，甚或绝种绝迹。

　　无论是什么样的人际关系，同理心都是让它更上层楼的最佳良方。你可曾目睹这样的争吵：双方互不相让，谁也不愿、也没有能力以对方的角度来看事情，多么痛苦。可是这种事所在多有，在国际关系上也每每可见。同理心是世间最欠缺的人格特质，也是解决种族问题和偏见的最佳对策。当今的种族冲突和偏见不知已累积了多少代，在这样的时候，同理心尤其重要。

　　人类活动越来越频繁，更多的人发现，自己必须和不同文化的人面对面打交道。那些人的生长环境和我们截然不同。不同的宗教信仰、体型外貌，习俗、饮食、衣着、时间、礼节、责任感、工作观、金钱观、对性的态度，几乎样样不同。遇到和我们不同的人，我们第一个反应往往是存疑。我们现在知道，种族偏见根深源长，而对异于我们的人存疑并非出于理性，却是基于我们无从控制的实时反应。因此，虽然有人说理论上他们没有任何偏见，事实上偏见是存在的。

　　同理心的培养或许是一切教育的当务之急。美国杰出小提琴家曼纽因在一次访问中说过几句深具洞见的话。他说："如果德国青年在成长期间不只学会懂得欣赏贝多芬的音乐，同时也能随着传统的犹太音乐哼唱舞蹈，那场大屠杀绝无可能发生。"

而同理心不但有助于解决问题，它也能纾解心情。研究显示，富有同理心的人对自己的生活较为满意，他们健康、有创意，也比较不固执。虽然好处多多，同理心面临的阻力却不少。有些人认为，为体恤别人而认同他人，这是弱者的行为。然而，对任何人而言，这都是最好的出路。当一个人感到自己被理解，当他体会到我们明白他的论点言之成理、他的要求无可厚非，他的态度会改变。如此一来，无数的纷争就可以避免。

不久前，我正开着车，为了让一个冷不防冲出来的小孩过马路，我突然紧急刹车，后头那辆车因此撞到了我。我们都下了车，越走越近。我看到那人一副备战模样。虽然他一个字也没说，但我感觉得到，他浑身进入一级警戒状态。可是两辆车都没有损伤，所以我先开口。我大可这么说："我没错。"这是实情，可是这种话就算不造成伤害，也是无济于事。所以我改口说道："我开得很快，又突然停下来，你一定没料到。很抱歉。你没事吧？"那人态度立刻变了。他脸部的线条舒缓了，虽然细微到几乎察觉不到。电光石火之间，他卸尽武装。是的，他没事。我在他眼中看到了讶异。他的对手竟然关心他有事没事。接着我看到他松了一口气：无须大动干戈。最后，他和我握握手就离开了。我承认，要是我的汽车有损伤，我的同理心可能会减少几分。总而言之，一场原本可能剑拔弩张的争吵在几秒钟内就烟消云散。

由此可知，同理心能带来舒缓和满足，而且它随时随地都在那里，我们信手可得。很多从事心理治疗的同业异口同声，说同理心是成功医患关系的要素，这并不是巧合。痛苦缠身的人不需要别人的诊断、忠告、解读、运筹帷幄。他们只需要别人衷心的关怀和体恤。一旦感受到他人的认同，痛苦仿佛霎时被放空，疾病也不药而愈。

医界也有类似的现象。研究显示，一个医生越是富于同理心，在患者心目中就越是医术高明。遗憾的是，常见到医学院的学生在实习初期深富同理心，等到实习完毕，同理心却也消磨殆尽。在这个悬壶济世的行业，我们难道不该多一点这方面的训练和养成吗？

　　不过，好东西吃太多也不妙。我们很容易就会把剂量加过头。倘若我们在听到别人的苦痛时过于投入，不但身体疲惫不堪，说不定还会怒火难消。我们很可能会失去重心。且让我说个不寻常的故事。我母亲在晚年身体依然硬朗，只是有时候会心神恍惚。一天她告诉我，她开车的时候有时会把自己想成是别人，所以当她眼前出现红灯时，她会想对别人来说是绿灯，以为自己是别人的她就这么闯了过去。直到连闯好几个红灯，看到别的司机火冒三丈，她才惊觉过来。这个故事可以借来当个譬喻。

　　不知不觉的同理心是危险的。我们必须先把持得住自己，确知自己的需求，认清自己的空间时间所在。换言之，在试图解决他人问题之前，我们一定要把自己的生活控制好，否则就可能自找麻烦。

健全的心智

　　要在这个世界上发挥自我、游刃有余，健全的心智不可或缺，而同理心就是它的元素之一。同理心丰富，意味着应付自如，无论是学业、找工作、人际关系、亲子互动。试想，从事广告创作的人想象不出消费大众的反应，音乐家无法体会观众的感情，老师不了解自己的学生，或是为人父母者不知孩子的心路历程，他们怎么可能响应？

　　要看一个人有没有同理心，光看一个面相即知：这人能不能为他人的成功欢呼。这是同理心真正的考验。举例来说，你有个朋友突然一夕间功成名就，或是她的儿子具有你的小孩想都不敢想的天赋，或是最近在谈一场浓情蜜意、让你艳羡不已的恋爱。你会有什么反应？你会替她高兴吗？还是心中隐隐作痛，怎么这等好事都轮不到你？你会不会比来比去，纳闷自己为什么没有那样的运气，或为此眼红？为他人的成功高兴，这样的同理心犹如凤毛麟角，除非成功的是自己的小孩，因为他们是我们生命的延续。为降临在别人身上而与自己无缘的幸运无条件地感到喜悦，这很不容易。如果我们做得到，表示我们已出凡入圣。

　　不过，同理心并不是一种充满欢欣、没有忧烦的特质。恰恰相反，它和失败的关系要甚于成功，和苦难的关联要多于欢笑。就是因为诸事不顺，同理心才有用武之地。没错，有人和我们分享快乐时光固然可喜，可是在遭到挫折苦痛的时候，我们才需要别人的体恤。

　　要培养完整而真正的同理心，一个人必须和自己以及他人的苦痛建立起健康的关系。痛苦，定义上就令人嫌恶，我们往往避之唯恐不及。避免痛苦，其实是健康的基础，将痛苦降至最低是智慧的象征。可是，生命中难免有痛苦。人生而脆弱，迟早会生病、犯错、失败、失去所爱、

19

对生活际遇伤心失望。只要是人，难免受苦受难。我们必须学会和苦难和平共处。

而我们该如何面对痛苦呢？这绝非易事。有人故意视若无睹，从头到尾强颜欢笑："这没什么。"有人引以为豪："我的头痛比你严重多了。"有人喜欢炫耀痛苦，巨细靡遗地形容它："我的蛀牙历史可久了，且听我从头道来。"有人怨天尤人，深信自己是遭到天谴或诅咒："这种事老是发生在我身上！"有人抱怨个没完，即使痛苦已经解除，依然杞人忧天地揣想可能到来的痛苦，生怕痛苦到来时会措手不及。有人永远如临大敌，不管值不值得如此大费周章。也有人毫无斗志、垂头丧气，甚至放弃生命："我投降。"

以上种种应付痛苦的方式效果都不理想。它们或许能带来些许虚幻的安慰，可是痛苦多半没有消失，反而延续更久甚至愈演愈烈。应付痛苦最好的方式就是直接面对，以坦诚，以勇敢。想从另一头出来，就得进入痛苦，一如进入隧道。

关于勇敢面对，基伦的神话可以教导我们许多。基伦是强暴的结果。他的父亲克隆纳斯是众神之首，化身为一头马去追一个女人，抓住她后强暴了她。她生下一个半人半马的丑怪儿子，做母亲的看他第一眼就把他推开了。因此，基伦生来就饱受屈辱和痛苦。一开始他拒绝接受这个残忍的事实，之后在阿波罗的协助下，他努力培养一切高贵而智慧的情操——他人性的那一面。他成了医学、草药、天文、箭术的专家，从此声名远播，各国国王纷纷请他去为王子、公主授课。可是有一天，基伦不小心被一支毒箭伤及膝盖。他如果只是凡人，就此死去也就罢了，可是身为神的儿子，他死不了。他只能活着受罪。

他的痛苦无可言喻：行动受限，只能依靠女儿。那支箭射穿了他躯体的下半部，也就是他深以为耻、拼命想忘记的动物的半身。他不断想起自己被排斥的痛苦身世。在这样的心境下，他无法成为国王的老师，只好去帮助受苦的人和穷民。他以非凡的技巧，履尽了任务。他经由痛苦而生的学识、敏锐和同理心，成功治愈了别人的痛苦。因此，他成为疗伤止痛之神。而虽然他也努力想解决自己痛苦，可是终归失败。

　　基伦后来得知，如果他宣布放弃永生，他的痛苦就能结束。他必须放弃这项最后的特权。他决定这么做，于是遁入地底整整 9 日。后来丘比特将他接到天堂，让他成为空中的星宿，在晴朗的夏夜我们都看得到他。他终于遂毕生所愿，寻得了安宁平和，和整个宇宙合而为一。

　　基伦和以木马屠城的阿奇里斯或是力大无比的赫丘利斯不同。他不但不是个阳刚形象的英雄，恰恰相反，他胜利是因为他脆弱。当他不再千方百计证明自己的智能和才干，这才变得富有同理心，也才有能力为别人疗伤止痛。只有在逆来顺受——而非对痛苦宣战——之后，他才达到了天人合一的最高开悟境界。

勇敢面对痛苦

无法坦然面对痛苦的人，比较难有同理心。连自己都拒绝承认自己在受苦，当然很难认同他人的痛苦，而若是拿痛苦来夸耀，不啻是将他人视为竞争对手，也就很难感受旁人的苦难。自身的痛苦，是同理心的基石。

另外，我们对有同样痛苦的人当然会有最大的同理心，同病相怜是也。一个自小受虐的人，能理解有同样创痛的人；车祸、性侵害的受害者，或是曾经破产、历经丧子之痛的人，对于有同样悲惨遭遇的人较能感同身受，伸出援手也较能着力。哪里受的伤，哪里就是服务的契机，这应该不令人讶异。

不过，这是培养同理心最难也最痛苦的方式。我不希望任何人以这样的方式获得它，话说回来，这也是人类共同的宿命。痛苦，是人生如影随形的同伴，只是程度有轻有重。不过，并不是所有的痛苦都有悲惨的后果。如果我们坦诚面对痛苦，它有可能结出重要的果实来。它会在我们心间扎根，开启我们心胸，让我们突然长大成熟，发现自己习焉不察的感情和才能，增益敏锐，说不定还能让我们更谦逊、更有智慧。痛苦是残忍的提醒，要我们知道什么是必要的。它让我们和他人相连相系。没错，痛苦能让我们心肠变硬或是愤世嫉俗，却也可能让我们变得更仁慈。

幸运的是，除了让自己在痛苦里打滚外，还有别的方法可以培养同理心。艺术的钻研和实践，例如文学、绘画，尤其是舞蹈，益处不胜枚举，其中显然包括同理心的增益。不过，最容易也最直截的方法，是发挥想象，设身处地为人着想。罗娜·赫胥黎在她的著作《目标不是你》

当中，率先采用了这个技巧。她的方法是：当我们和生命中某个重要的人有了摩擦，例如和先生或妻子争吵后，试着回溯当时情景，并且让自己变成对方。一旦做到了这一点，我们便能以一种连自己都意想不到的崭新视野来看这个世界，包括我们自己。我看过有人做过这样的练习，因而达到非比寻常的憬悟。他们看到了前所未见的景象，也真正了解到至亲至爱的人的心声。

有一次，我正好在罗娜·赫胥黎的工作室，屋内正播放着莫扎特一首钢琴协奏曲，很美妙的旋律。罗娜在隔壁房间打电话，帮忙一个有孕在身、刚到美国来的年轻泰国女人。我听得到罗娜的声音，虽然听不清她在说什么，不过我猜得到内容。我从她的语气听得出她在为那个女孩忧心，也听得出她很愿意帮忙。通常我听音乐，喜欢别无任何声音，可是隔壁房间罗娜的话语和莫扎特的美妙旋律神奇地合而为一，并行不悖。我能感受到罗娜宛如和那个泰国女孩异地而处，懂得她流离失所、举目无亲、一人流落异国的窘迫，而且还嫌麻烦不够似的，肚子里还怀着小生命。罗娜的声音变成了莫扎特音乐的一部分。那段音乐仿佛助我发现了同理心之美，而对方求助的声音也让我体会到莫扎特音乐中异常的丰富。那一瞬间，我顿然领悟到悲悯的意义：融入众生的苦痛，给予真诚而深切的认同。

孩童常能感受到当即和强烈的悲悯，或许更甚于成年人。我们大人饱经世故，表皮多了一层硬茧，经过街头醉卧的醉汉或乞妇的时候，说不定根本就没注意到。可是孩童对人世的邪恶和苦难全无防备。我记得我儿子乔纳逊四五岁时第一次看到游民，一个形容枯槁的男人。对大人来说，这是家常便饭。你我在大城市常可见到这种人，我们早就习以为常，而孩童则不然。乔纳逊看着那人，衣衫褴褛、满脸悲苦、长发乱而纠结、喃喃自语、搜索着垃圾桶。乔纳逊的脸上先是出现惊讶，接着是无限的同情，还夹杂着愤怒：世上怎么可能有这样没有尊严的生命？还有一回，乔纳逊看到一个老妇爬楼梯，她一脸病容，佝偻着腰，每一步仿佛都要用尽全身力气。那一刻乔纳逊领悟到，生命中还有年老的痛苦。我不知道他当时在想什么，不过我知道他的心在痛，他的悲悯油然而生。

有时候，我们得靠孩童重新发现自己的感情。

悲悯，是同理心最后也是最高贵的果实。它是一种属灵的特质，因为它将我们带离了自私和贪婪。它扩及所有人类，即使是最无能、最可厌、最愚蠢的人。它开启我们心胸，和他人声气相通。它满溢在我们心中。

不过，你也可以为悲悯下一个不同的定义：一种至为纯净的人际关联。我们的人际关系中，理智判断往往主导了一切。我们喜欢评断事情，自以为这样高人一等。或许我们和某人有笔旧账未清，一份世仇未报。或许竞争情结在作祟，或是老爱提供建言、喜欢比来比去。也或许，我们爱把别人看作是达到目的的踏脚石。凡此种种，都是让人际关系受伤和扭曲的干扰。

现在，且让我们想象一种关系，一种纯净已极的关系。它不带一丝判断、仇恨、比较。你发现自己站在某人面前，没有任何屏障和防卫。你和那人当即就能应和，声气相通。卸下了包袱，我们轻松了。我们忘了脚下匆忙的步伐，我们得到了自由。同理心于焉滋生，理解也是。

只要你我打开胸襟，中间一无壁垒，我就能和你灵犀相通。你懂我，我也懂你。如果你受苦，我希望你的苦难结束，如果我受苦，我也知道你会扶持我。你快乐，我也快乐，如果我一切顺利，我知道你会为我高兴。或许，我们从此再无他求。

第三章
高尚心态铸就好人生

　　美国成功学家拿破仑·希尔关于心态的重大作用讲过这样一段话："人与人之间只有很小的差异,但是这种很小的差异却造成了巨大的差异!很小的差异就是所具备的心态是积极的还是消极的,巨大的差异就是成功和失败。"为自己的心情做主,和差距过过招,以高尚的心态去做卑微的工作。心抱希望,希望就给你动力。不怯于接受挑战,打开想象那扇窗,好心态让你更聪明。摆一个胜利的姿态,热情让你的工作更出色。永不放弃,就不会被抛弃。被击倒的永远是那些懦夫。没有理由的人生让人无所适从。

以平常心追求卓越

人，在不知足中绝对地追求，在自得其乐中相对地满足。知足，使得人在自我释放和自我克制之间，砌筑了一个生命安顿的心理平台。在事业上永不满足和生活上感到知足，实际上是知足心态的两个方面。知足使人平静、安详、达观、超脱。

相对的意义上知足常乐，在绝对的意义上不因为知足而放弃承担、不因为常乐而毁于安乐，如此书写的人生，虽不算亮丽，但普通人却因此而活得有滋有味。

古语有云："知足者常乐。"它来源于老子的"知足不辱，知止不殆，可以长久"。

意思是说，一个人如果知道满足就会感到永远快乐。如果把"知足常乐"转换为弗洛伊德笔下被压抑的本能和欲望升华——那不也是一个伴随着个体生命始终的、在"知足"与"常乐"之间重建平衡支点的过程吗？个人心理能量的释放，受弗氏所说的"快乐原则"驱使，刺激主观欲望的扩张。

阿Q得意的时候，想着"要什么就是什么，喜欢谁就是谁"，但无收敛的欲望和满足欲望的有限机会之间，只能达到暂时的、相对的和谐，主体也只能得到暂时的满足。而人生在世，却有做不完的玫瑰色的梦。

大学时代读王国维的《红楼梦评论》，有一段话记得大意：一欲既终，他欲随之，故究竟之慰籍，终不可得也。这就是涌动不息的欲望之潮。个体自有生命开始，就意味着需要的产生。

随着人体的发育，以及与社会接触面的扩大，需要也随之不断升华。如果需要得不到满足，人体的自身生长发育便会受到阻碍。这种生理上的、物质上的需要是正常的，但是如果对这些需要要求得过分，便又会陷入欲望膨胀的泥潭。

人都有欲望。人的欲望与生俱来，挥之难去，但同时人又是具有理性的高级动物，应该而且能够把握好欲望的"度"。人活在世上，有些东西应该得到，也能够得到；有些东西不该享有，也不能攫取。老子曾说过："祸莫大于不知足，咎莫大于欲得。"这句话对于今天有着尤其特殊的意义。

纵观今日一些落马之人，探其缘由，"祸咎"概莫能出其"不知足"和"欲得"之外。王宝森、胡长清、成克杰……贪婪的欲望使得一个又一个春风得意的"能人"，从马上倏然坠地，沦为"阶下囚"，甚至走上"断头台"。

清代李渔在他的《闲情偶寄》中说过："故善行乐者，必先知足"。他说的"知足"谓"退一步法"，即"穷人行乐之方，无他秘巧，亦止有退一步法。"

"我以为贫，更有贫于我者；我以为贱，更有贱于我者；我以妻子为累，尚有鳏寡孤独之民，求为妻子之累而不能者；我以胼胝为劳，尚有身系狱廷，荒芜田地，求安耕凿之生而不可得者。以此居心，则苦海尽成乐地。"换成现在的话说，那就是"比上不足比下有余"，该知足了。从物质享受角度考虑，我们每个人确实应当有个知足的心态，因为毕竟"人心难满，欲壑难填"，人的欲望是永无止境的。

知足者常乐，知足便不作非分之想；知足便不好高骛远；知足便安若止水、气静心平；知足便不贪婪、不奢求、不豪夺巧取。

知足者温饱不虑便是幸事；知足者无病无灾便是福泽。所谓养性修身，参禅悟道，在我理解，无非就是个散淡随缘，乐天知命。"知份心自足，委顺常自安"，这其中的玄机，就靠自己去参悟了。

过分的贪取、无理的要求，只是徒然带给自己烦恼而已，在日日夜夜的焦虑企盼中，还没有尝到快乐之前，已饱受痛苦煎熬了。因此，古人说："养心莫善于寡欲。"我们如果能够把握住自己的心，驾驭好自己的欲望，不贪得、不觊觎，做到寡欲无求，役物而不为物役，生活上自然能够知足常乐，随遇而安了。

人，在不知足中绝对地追求，在自得其乐中相对地满足。知足，使得人在自我释放和自我克制之间，砌筑了一个生命安顿的心理平台。在"见好就收"的意义上，提前规避了未知的风险。知足常乐，在相对满足和绝对追求之间，重建了一种平衡。一方面，知足常乐少了些欲而不得的焦躁、少了些由色而空的虚无。另一方面，比起"无欲"的禁锢，"知足"多了一层人情味；比起"一无所有"的自得与佯狂，"知足常乐"返回了世俗理性。"人心不足蛇吞象"用作欲望无限膨胀的喻象符号是"知足常乐"的反向修辞设计。

知足是一种境界，知足的人总是微笑着面对生活，在知足的人眼里，世界上没有解决不了的问题，没有蹚不过去的河，他们会为自己寻找合适的台阶，而绝不会庸人自扰。

知足是一种大度。大"肚"能容天下事。在知足的人眼里，一切过分的纷争和索取都显得多余，在他们的天平上，没有比知足更容易求得心理平衡了；知足是一种宽容，对他人宽容，对社会宽容，对自己宽容，这样才会得到一个相对宽松的生存环境，这难道不值得庆贺吗？知足常乐，此之谓也。

但从另外一个角度来讲，有时我们要"不知足"才能常乐。说到对物质生活的态度，还是知足为好；但是，对于学习、工作和我们为之奋斗的事业，我们自然应该永不满足。

事业上的知足者往往心中没有追求的目标，胸无大志，对自己的要求就止于过得去。生活中常有一些人满足于"差不多"，对工作差不多就行，对人生也是差不多就行。

许多事情也常常毁于这"差不多"上。知足其实是一种得过且过的无为心态，随着社会竞争的日益激烈，知足者必然遭到淘汰，当今社会是进取向上者得天下。

知足有如一面厚毯，紧紧裹住无目标人生之空虚，使人视外面日新月异的大千世界于不见，成天饱食终日，无所事事，言不及义。人生如逆水行舟，不进则退，知足者故步自封，满足于眼皮底下那么一点点天地，岂有不退之理？就如登山，爬到半山腰见有人还在山脚下，便自我陶醉起来，又怎么能领悟到"无限风光在险峰"呢？"山外有山，人外有人"，自我封闭如井中之蛙，体会不到大海包容百川的胸襟。

人有欲望，就有追求，并在追求中推动文明的进程。整个人类的文明史发展了几千年，若不是这种永不满足的心态，恐怕我们的社会还将停留在茹毛饮血的时代。我们每个人所为之奋斗的事业，也要靠我们自己时常保持着拼搏进取、永不满足的心态，否则便会裹足不前。纵观古今中外历史，无数个事业上取得成功的人，往往都是不满足于自己所取得的既有成绩而继续奋斗的，最终才成为"笑到最后的人"。

安于平淡的爱因斯坦

20 世纪最伟大的科学家爱因斯坦是一个既知足又不知足的人物。他曾经有过这样一段精彩的话:"我从来不把安逸和快乐看作生活目的的本身——这种伦理基础,我叫它猪栏的理想。照亮我的道路,并且不断地给我新的勇气去愉快地正视生活的理想,是善、美和真。要是没有志同道合者之间的亲切感情,要不是全神贯注于客观世界——那个在艺术和科学工作领域里永远达不到的对象,那么在我看来,生活就会是空虚的。人们所努力追求的庸俗的目标——财产、虚荣、奢侈的生活——我总觉得都是可鄙的。我每天上百次地提醒自己:我的精神生活和物质生活都依靠着别人(包括活着的人和已死去的人)的劳动,我尽力以同样的分量来报偿我所领受了的至今还在领受着的东西。我强烈地向往俭朴的生活,并且时常发觉自己占有了同胞的过多劳动而难以忍受。"

1879 年 3 月 14 日上午 11 时 30 分,爱因斯坦出生在德国乌尔姆市班霍夫街 135 号。其父母都是犹太人。1880 年,爱因斯坦一家迁居慕尼黑。这位具有犹太血统的科学家,幼年在德国度过,高中时迁居意大利,大学时则在瑞士苏黎世工艺学院就读。1900 年,爱因斯坦完成了大学的学业。1902 年任职瑞士专利局,因为工作乏味,下班后他常在家中进行自己所喜欢的研究。在他 26 岁时,也就是 1905 年,爱因斯坦共计发表了 5 篇论文,其中第二篇光电效应使他在 1921 年荣获诺贝尔物理学奖。

1912 年秋天,爱因斯坦回瑞士母校任教,他的座右铭为"研究的目的在于追求真理",时常告诫学生不要选择轻松的途径。1914 年迁居柏林,任职于普鲁士皇家科学院及柏林大学。由于身具犹太人血统,在德国受到歧视,他于 1931 年接受美国普林斯顿高级研究所的邀请,于第二

仁慈——沐浴在美德之下

年离开德国前往美国。

爱因斯坦生长在物理学急剧变革的时期，通过以他为代表的一代物理学家的努力，物理学的发展进入一个新的历史时期。由伽利略和牛顿建立的古典物理学理论体系，经历了将近200年的发展，到19世纪中叶，由于能量守恒和转化定律的发现，热力学和统计物理学的建立，特别是由于法拉第和麦克斯韦在电磁学上的发现，取得了辉煌的成就。这些成就，使得当时不少物理学家认为，物理学领域中原则性的理论问题都已经解决了，留给后人的，只是在细节方面的补充和发展。

20世纪60年代以来，实验技术和天文学的巨大发展受到重视。

此外，爱因斯坦对宇宙学、引力和电磁的统一场论、量子论的研究都为物理学的发展做出了贡献。这些贡献的取得，都应归功于爱因斯坦对自己的研究事业永不满足的心态。与其事业上孜孜以求的精神相对比，爱因斯坦在生活中对自己的生活、饮食、起居从来不苛求，甚至十分随便，对自己的生活水平也始终保持着知足的心态。他曾说过："得到优厚天赋的人是很多的，但他们多数过的是淡泊的、不引人注目的生活。要在这些人中间挑出几个，加以无止境的赞颂，是不公正的，甚至是低级趣味的。但是有一点也令人感到欣慰：在这个被大家斥为物欲主义的时代，居然还把那些一生目标放在知识和道德领域中的人看作英雄，这该是一个可喜的迹象。这证明，大多数人把知识和正义看得比财产和权力更高。"这位功成名就的大科学家，对于科学技术与人自身的道德品格、财产权利与知识正义、物欲与操守、社会环境与个人选择、外在的物质世界与内在的精神世界等这些问题上，所表露的一些超凡脱俗的见识。言由心声，这些议论无疑是爱因斯坦对事业的永不满足与对生活的知足心境的剖白。

爱因斯坦不想为衣食住行花费时间，这从他留下的许多照片可以看出。他的穿着极其简朴，常常穿咖啡色皮上衣——艾尔莎送给他的礼物，很旧很旧的，天冷再加上一件灰色的英国羊毛衫——也是艾尔莎送的礼物，同样很旧很旧。还常穿一套旧式的黑色西服出席宴会，只有在特殊场合由于全家人的一致要求他才穿晚礼服。

在爱因斯坦未成名时，他经常穿一件旧大衣，步行在纽约繁华的大街上。有一次，有位朋友碰见他，发现他穿着一件旧大衣，就劝他买件新的。可爱因斯坦笑着说："没关系，反正在纽约谁也不认识我。"数年之后，他已成了赫赫有名的物理学家，可他仍穿着那件旧大衣，甚至在接见客人时也是如此。凑巧，他又和那位朋友相遇了。朋友再三劝他换件新大衣，否则实在太不相称了，可爱因斯坦却不以为然地说："没关系，反正这里的人对我很熟悉。"

在爱因斯坦成为全世界瞩目的科学家之后，经常有来自各地的邀请，请他去演讲。他贤惠的妻子总是替他打点行李，把整个行程要穿的衣服一一准备好。奇怪的是，每次爱因斯坦回来，箱子里的衣服都折叠得整整齐齐，连摆放的次序都没有变动。在妻子的一再追问下，爱因斯坦才承认，他根本就没有打开过皮箱，他从头到尾都穿着那套皱得不成样子的旅行装。

有一回，他要在一项非常重要的会议上演讲，几乎所有与会者都穿着正式的晚礼服，主办单位负责的女士问他需不需要换正式服装。爱因斯坦回答，他不打算换衣服，如果她想要让所有人更尊敬他，他可以挂上一块牌子，上面写着："这套衣服刚刚洗过。"

同样，爱因斯坦对钱财也是很知足，很不在意。他曾经用一张大面值的支票做书签，结果丢了那本书，对此事，他只是一笑了之。对待金钱或物质财富的态度，往往很能反映出一个人的人生哲学和心态。爱因斯坦认为："巨大的财富对愉快和如意的生活并不是必需的"；"生活必须提供的最好东西是洋溢着幸福的笑脸。"他对金钱的态度与叔本华的说法如出一辙："金钱，是人类抽象的幸福。所以一心扑在钱眼里的人，不可能会有具体的幸福。"

大千世界，芸芸众生，说到对待成功与修身、做事与做人等这些关系的态度和做法，确属千差万别，因人而异。不过，大略说来，在曾经做出这样或那样功勋业绩的众多人物中，就其品德修养、精神境界而论，总是可以区分出高尚、平庸、卑下几类。

古往今来，有过这样一种人，由于不朽的贡献或骄人的业绩而载入史册，名垂千古，历史是不会忘记他们的。

可是，他们的道德品质却同其人之功绩很不相称，有的甚至不堪言状。

爱因斯坦一生和志同道合的朋友共同探讨科学的未知领域，休闲生活则为演奏音乐与读书，淡泊明志，终于成为科学巨人。

从爱因斯坦的一生我们可以看出，在事业上永不满足和生活上感到知足，实际上是知足心态的两个方面。知足使人平静、安详、达观、超脱；不知足使人骚动、搏击、进取、奋斗；知足智在知不可行而不行，不知足慧在可行而必行之。若知不行而勉为其难，势必劳而无功，若知可行而不行，这就是堕落和懒怠。在相对的意义上知足常乐，在绝对的意义上不因为知足而放弃承担、不因为常乐而毁于安乐，如此书写的人生，虽不算亮丽，但普通人却因此而活得有滋有味。

功成身退的范蠡

　　春秋时期越国名相范蠡是一个审时度势而急流勇退的典型人物。他一生辅佐越王勾践成就霸业，功高一世。然而，聪明的范蠡能够及时察觉出事态发展变化的趋势，在功名利禄和自己前途命运的双重选择下，毅然决定急流勇退，不但保全了自己的生命，而且为自己的生活开创了一个全新的起点，终成一代富商。

　　范蠡，先秦著名的政治家、思想家和谋略家。字少伯，春秋末期楚国宛（今河南省南阳市）人，年轻时就学富五车，满腹经纶，而且聪敏睿智，胸藏韬略，有圣人之资。后来文种认为范蠡是个奇才，回府后推荐给越王勾践。勾践很器重他，封为大夫。

　　到了春秋后期，吴国和越国开始振兴，他们之间不断进行战争。勾践三年（公元前494年），越王勾践召集群臣，商议北上破吴。范蠡认为贸然出击肯定要吃败仗，便建议越王不要出兵，而应谨慎从事。然而勾践不听，调动全国精兵3万，北上攻吴，与吴兵战于夫椒（太湖中山名）。结果，勾践大败，仅剩5000残兵，退守会稽山（今浙江中部，主峰在今嵊州西北），又被吴军团团围住。后文种和范蠡献计，终于说服吴王夫差退兵，越国上下臣服吴国。约在勾践四年（公元前493年），越王君臣数人到达吴都见到夫差，当即进献美女宝物，并低声下气地极力奉承献媚；再经伯嚭一旁帮腔，勉强取得夫差的谅解。夫差派人在阖庐墓侧筑一石室，把勾践夫妇、君臣驱入室中，脱去所穿衣冠换上罪衣罪裙，使其蓬头垢面地从事养马等贱役。勾践居于石室，出入于马厩，范蠡侍奉于左右，寸步不离，并随时开导、出谋划策。

　　越王勾践虽成为夫差的奴隶，境遇悲惨，但范蠡却从未动过离开之心，仍旧对其忠心耿耿。一天，夫差召见勾践，范蠡侍于身后。夫差对范蠡说："寡人曾闻：'贤妇不嫁破落之家，名士不仕灭绝之国'。如今勾践无道，国家将亡，君臣沦为奴仆，羁于一室，先生不觉可耻吗？先生如能改过自新，弃越归吴，寡人必当赦免先生之罪，委以重任。"勾践听了，唯恐范蠡变节，伏在地上暗自落泪。这时，范蠡委婉推辞说："臣闻：'亡国之君不敢语政，败军之将不敢言勇'。贱臣在越不能辅佐勾践行善政，以致得罪大王。今侥幸不死，入吴养马扫地，贱臣已很满足，哪里还敢奢望富贵呢？"吴王夫差并不强求，仍使勾践、范蠡回石室。另有一天，吴王夫差登姑苏台游嬉，远见勾践夫妇端坐在马粪堆边歇息，范蠡恭敬地守候在一旁。夫差说："勾践不过小国之君，范蠡无非一介之士，身处危厄之地，不失君臣之礼，也觉可敬可怜。"伯嚭在一旁讲情说："愿大王以圣人之心，哀怜穷困之士。"从此，夫差便有释放勾践回国之心。

接着，越王勾践接受范蠡的建议，趁夫差患病之时亲尝其粪便，取悦了吴王。不久，吴王病愈，他不顾大臣伍子胥的反对，决定放勾践君臣回越国。勾践君臣回到越国后，大力发展生产，积蓄力量，富国强兵。在处理对外关系方面，范蠡主张要礼待弱小国家，对于强国，表面上应该采取柔顺的态度，但骨子里不能屈服。至于吴国，要等待或促使他走向衰落，等到时机成熟了，才可一举而灭之。范蠡最后说："但愿大王时时勿忘石室之苦，则越国可兴，而吴仇可报矣！"一方面，范蠡还亲到民间选了美女西施、郑旦，遣香车送给吴王。同时，引诱吴王大兴土木，建造楼台馆所，沉湎于酒色犬马之中。另一方面，暗中亲楚、结齐、附晋，最大限度地孤立吴国。

在范蠡和文种等人的辅佐下，勾践卧薪尝胆，励精图治。经过几年的发展，越国国力日益强盛，终于等到了伐吴的好机会。公元前482年和478年，越国先后两次伐吴，并于公元前473年灭掉了吴国。勾践玩弄假仁假义的权术，封夫差于甬东（会稽以东的海中小岛）一隅之地，使其君临百家，为衣食之费。夫差蒙受此辱，悔恨交加。他深悔当初不听伍子胥之言，才有今日之耻。夫差无脸在黄泉下再见忠良，于是以麻布蒙面，拔剑自杀。随后，勾践诛杀佞臣伯嚭，吴国也蒙受一番洗劫。此后，越国称霸江、淮，成为春秋争雄于天下的一霸。接着，范蠡又协同勾践北渡淮河，在徐州大会齐、晋等诸侯，使周元王不得不封勾践为伯，号令中原，被诸侯称为"霸王"。在范蠡的辅佐下，勾践成为春秋时期的最后一位霸主。此时，勾践欲封范蠡为上将军，把越国分一部分给他作为酬谢，但范蠡深知"狡兔死，走狗烹；飞鸟尽，良弓藏"的道理，没有接受越王的封赏，并执意弃官从商。据说，范蠡从商之后，曾经更换过三个地方，但是他无论从事什么行业，都是天下名流，名垂后世。

越军到达吴国，在文台大办酒席，群臣纷纷庆贺胜利。勾践仍未提及西施、郑旦、陈娟之事，只顾自己饮酒作乐，还命乐师作伐吴之曲。文种也趁此机会向越王勾践祝词。但是，勾践闻辞，皆是劝他返归越国，这与他想僭越周天子名号而称霸的愿望大相径庭。因此，很不高兴，面带愠怒之色。

范蠡观察到这一细节，立刻引起深深思索：勾践为了灭吴兴越，不惜忍辱负重，卧薪尝胆。如今如愿以偿，功成名就，他便不想归功于臣下，猜疑忌妒之心已见端倪。大名之下，难以久居。如不及早急流勇退，日后恐无葬身之地。范蠡本想从吴国离勾践而去，找到西施，隐姓埋名，匿居山林；但恐勾践未返越国，有失人臣之义，便等待回越国后再作打算。

刚刚回到越国，范蠡找计倪不见，找到文种，对他讲："在那天你祝酒时，注意到越王的表情没有？你我快快离去，否则大难临头！"文种不信，劝范蠡："你不要想得太多，大王还不至于如此绝情。他只不过是想称霸而已。"范蠡笑而不言。由此看出，范蠡实在是绝顶聪明，料事如神，他有"础润而雨，月晕而风，见微而知著"的超人本领，将事情发展的趋势预料得一清二楚。

一个昏暗又微露月光的晚上，范蠡不辞而别，带领家属徒隶，驾扁舟，泛东海，浪迹天涯，隐于江湖。后来，他辗转来到齐国。范蠡跳出是非之地，又想到风雨同舟的同僚文种曾有知遇之恩，遂投书一封，劝说文种。

文种见信，仍然不信范蠡所言。他没想到勾践会如此忘恩负义，也没有想到身居高位的勾践对其下臣的手段会如此狠毒。文种聪明一世，糊涂一时，他忘记了历史上功高盖主的历史教训，为王为帝为皇者，最忌讳大臣的功劳超过他，最担心大臣威望在他之上。因为这种大臣篡权越位，杀君为王的可能性最大，也就是说对王位的威胁最为严重。这是历代帝王最敏感、最提心吊胆的事情。范蠡都劝说到这种程度，文种仍执迷不悟，也许是命运的安排，文种就应该这样终其一生。

范蠡走后，勾践很快知道了，陡然变色，召大夫文种问道："范蠡还能追回来吗？"文种答道："不及也。"越王又问："为什么？"文种回答："蠡去之时，阴画六阳，神莫能制他。玄武天空，成行无忌，孰敢止之？度无关，涉天梁，看都看不见，还怎么能追得上！"

勾践无奈，便封文种为相国，让精巧的工匠按照范蠡的外貌铸成金像，放在王座之侧，以示对范蠡的思念。

范蠡逃到齐国后，变名更姓，称为之夷子皮。他与儿子们耕作于海边，齐心合力，同治产业。由于经营有方，没有多久，产业竟然达数十万钱。齐人见范蠡贤明，欲委以大任。范蠡却喟然叹道："居官致于卿相，治家能致千金；久受尊名，终不是什么好事！"于是，他散其家财，分给亲友乡邻，然后怀带少数珠宝，离开齐都市到了陶，再次变易姓名，自称为陶朱公。

范蠡早年曾师事计然，研习理财之道。这次范蠡再操经商之业，自然驾轻就熟，是个行家。他每日买贱卖贵，与时逐利，没过多久，又积聚资财巨万，成了富翁。朱公的经商聚财之道：一是掌握好供求关系；二是掌握好物价贵贱的幅度；三是加快资金的周转率，所以永远立于不败之地。

后来，范蠡老死于陶地。他一生三次迁徙，皆有英名。名播天下，垂于后世。范蠡一生竭尽全力辅佐勾践，助其成就了一代霸业。按照文种的理解，勾践不会这么快就忘恩负义，因为毕竟二人为了越国的崛起直至称霸江南立下了汗马功劳。这是可以理解的，甚至我们认为勾践会为感激二人的功劳而大加封赏。然而，事实却正如范蠡所料。范蠡急流勇退，避免了一场杀身之祸，终成一代富商；而文种不相信范蠡的话，在功名利禄面前被冲昏了头脑，丧失了理智的选择，而当灾难降临时悔之晚矣。

富甲天下，好行其德

两千多年来，人们一直奉范蠡为商业鼻祖，其中的原因除了他经商治产"富甲天下"之外，更重要的是他"富好行其德"。在中国人的传统思想中，"士农工商"就是社会的等级观念。几千年来，从政治家到学者，在评价"商"的时候，几乎都异口同声带着贬义，认为商人是逐利阶层，唯利是图是他们的天性。所以，历史上向来都有"无商不奸"的说法。

范蠡却不然，他舍弃了越国的高官厚禄，到齐、陶艰苦创业，孜孜不倦地从事农业、畜牧业、水产养殖业、商业，都取得了巨大的成功，其目的不在于赚钱而在于实现自身的人生价值，也就是向世人表明他不仅能帮助越王勾践打败吴国，而且还能亲自从事商业活动，经营致富。正是基于这种思想，他并没有为金钱所累，在离齐至陶之际他"尽散其财，以分与知友乡党"。

后来，他在陶邑经商，"十九年之中，三致千金"，而再次"分散与贫交疏昆弟"。更可贵的是，范蠡经商从不搞垄断，他曾慷慨地传授经商治产的经验给齐国国君，帮助他治理国家，发展经济，只用了3年便使齐国国富民旺。后来，他在陶邑指导猗顿发展农业、畜牧业和商业，使猗顿成了当时的巨富。司马迁深为范蠡这种超然物外的境界所折服，故称其为"富好行其德"。另外，范蠡在手工业和水产养殖业也做出了很大的贡献。据说，他曾经发明制酱技术，而且还改进了陶器的制作技术，是造缸的能手，太湖地区的工匠们都尊称他为"造缸先师"。

在范蠡死后，族人将他葬于陶山主峰西麓（今山东省肥城市湖屯镇幽栖寺村），后世的人们来此凭吊他和西施，缅怀他的业绩及人品，汲取他的思想和智慧。如今，在陶山南麓的范庄，仍居住着范氏的后人，他们每逢节日必到范蠡墓前洒扫祭奠。范蠡不是吴国人，但他也在无锡留下了不少传说。

相传，在他隐居无锡五里湖畔时，曾教会了人们养鱼种竹的方法。无锡有好多地名都与范蠡有关，如蠡河、蠡桥、蠡园等。在太湖边至今还流传着这样两句民谣："种竹养鱼千倍利，感谢西施和范蠡。"按照现代人的观念来看，范蠡确实实现了世上男人所有的梦想：在事业上；他进能立国兴邦，退能富济天下，位极人臣后能急流勇退，富贵满堂敢散尽千金；在爱情上，他能赢得天下第一美女西施的芳心，两人互敬互爱，长相厮守，高远飘逸。由此可见，范蠡的智慧和才能并非单一地反映在经商方面，而是多方面的，可谓是全才型的一代名家。

急流勇退就是一种高远目光，就是一种趋利避害，就是以退为进、弃旧图新。学会放弃，学会急流勇退，自己的人生就会有一个更新的起点。

能屈能伸大丈夫

隐忍克制并不是懦弱、胆怯的遁词，它是心怀远大的自我修炼，是驰骋于各个领域、各个战场的佼佼者所必备的内在素质，是人的修养、素质的体现。

隐忍克制是中国传统的处世智慧中一个极其重要的组成部分，宁折不弯实不可取，能屈能伸大丈夫也。林语堂先生曾经分析过中国人几千年来恪守忍让品质的背景原因：中国过分稠密的人口、经济上的压力、个人的生存空间十分狭小，因此整个民族设法以忍耐去适应周围条件，此外这种品质也是封建家庭制度的产物。

纵观我国古往今来，成大事者无不是"忍"字当先：韩信"胯下之辱"、刘备"青梅煮酒"，他们皆大智大勇、虚怀若谷，终成大器。"宰相肚里撑得船""小不忍则乱大谋"，试想鸡肠小肚怎能干大事？唐代有位宰相叫作张公艺，有幸九世同堂，为世人所称道、羡慕，唐高宗问他成功的秘诀，他唤来纸笔，挥毫写了 100 个"忍"字，百忍由此而来。有 100 个忍字就有 100 种忍法，为官之忍、为商之忍、酒色之忍、德行之忍、成仁之忍、仇杀之忍、财利之忍、荣辱之忍等，几千年来，这无不成为人们做人处世时一项很重要的内容。从我们所谙熟的民间谚语中也可见一斑：小不忍则乱大谋；忍得一时之气，省得百日之灾；克念者自生百福，作念者自生百殃；万言万语，不如一默等，不胜枚举。

在中国几千年儒教的影响下，隐忍克制是成功所必备的德行，而一个人的美德就是从细微的小事中体现出来的。汉代名臣张良，不厌其烦地替一位老者捡鞋，老者在会心的微笑中看出了张良的道德操行，遂将闻名于世的《太公兵法》传授给他。此后，张良辅佐刘邦，为他出谋划策，最后一统天下。

以现代心理学的观点来看，隐忍克制的心态是情商的一个核心内容。一个善于控制的人，往往能够取得较高的工作成效和营造良好的人际关系氛围。一个活得快乐自在的人，通常善于驾驭自己的心态。想一想，有哪一位大人物成功前没有经历过坎坷？要完成一番事业，就必须要抵抗得住各种诱惑。遇事急躁、沉不住气的人是不可能干成大事的。大至一个国家，小至一个人，克制的品质都无时无刻不发生着效应。

大千世界诱惑重重，真正陷入诱惑当中，而能保持清醒头脑的人并不多。很多人认为自己有足够的控制力可以驾驭感情、金钱、权力，可是一旦陷入婚外恋、巨额的贿赂，又有几人能够抵抗得住诱惑？所以当我们在渐渐地走近诱惑的时候，克制的心态当然就十分必要。有这样一个故事：某大公司准备以高薪雇用一名轿车司机，经过层层筛选和考试之后，只剩下3名技术最优良的竞争者。主考者问他们："你们觉得开车能距离悬崖多近而又不至于掉落呢？""2米。"第一位说。"半米。"第二位很有把握地说。"我会尽量远离悬崖，越远越好。"第三位说。结果这家公司录取了第三位。不能和诱惑比近，而是离得越远越好。绝不能认为自己对诱惑有免疫力和抵抗力而放松警惕。

隐忍克制并不是懦弱、胆怯的遁词，它是心怀远大的自我克制，是驰骋于各个领域、各个战场的佼佼者所必备的内在素质，是人的修养、内涵的体现。

看荣华富贵如云烟

贪图享乐心态的实质是指从人的自然本性出发，把人的生理本能需要看成人生的最高追求，认为人活着就是要追求个人的物质生活享受。

一个追求享乐的人必然是利己主义者。因为在享乐的心态者看来，一个人只有自己才能体验到自己的感官快乐，谁也无法在身体上或感官上直接体验到别人的感官快乐。贪图享乐的心态是这样一种感受，它脱离现实的可能和需要，大肆挥霍金钱，肆意浪费物质与时间，以追求物质和精神上的享受为人生的唯一目的和乐趣，以荒淫无耻的生活为追求目标。

享乐的心态是各种消极没落人生观中具有代表性的一种，这种人生观源远流长。

早在公元前4世纪先秦时代，思想家杨朱就比较系统地论述了他关于享乐心态的人生哲学。

杨朱认为，满足耳、目、鼻、体、意的欲求，以得到快乐，是人的本性。然而人生苦短，享乐机会不多，所以应当抓住机会尽情享受，"究其所欲，以俟于死"。

在杨朱看来，人生的结果都只有一个，"十年亦死，百年亦死，仁圣亦死，凶愚亦死"，人死后只是一堆白骨，并没有什么好坏、贤愚的区别。

因此，人生唯一的价值就在于满足享乐的欲望。人为什么活着？他认为就是"为美厚尔、为声色尔""唯患腹溢而不得恣口之饮，力惫而不得肆情于色"（《列子·杨朱篇》）。这里，杨朱把享乐的心态推向极端，提出了赤裸裸的纵欲主义人生哲学。

无独有偶，在欧洲也有人这样，提倡享乐的心态乃是人生追求的正当目标。

古希腊有位伦理学家叫亚里斯提卜，他认为，现实的肉体快乐就是幸福，人生的目的就是追求现实的肉体快乐。正因为他的这种观点，他被人们称为"唯思乐派"。著名伦理学家伊壁鸠鲁也认为："快乐是幸福生活的开始和目的。"享乐之心的伦理思想的一个基本特征，就是从趋乐避苦这种人性假设出发，认为人生的目的就是追求快乐，而所谓的快乐主要就是指感官快乐、肉体快乐。他们片面强调感官快乐，把它抬高到至高无上的地位，似乎只有感官上的快乐才是值得追求的，光凭感官上的快乐就能使人幸福，这种人生观显然存在着重大的缺陷。

一个追求享乐的人必然是利己主义者。因为在具有享乐的心态者看来，一个人只有自己才能体验到自己的感官快乐，谁也无法在身体上或感官上直接体验到别人的感官快乐。因此，具有享乐的心态者只关注自己，只愿为自己的感官快乐而奋斗，不可能为他人的幸福和快乐而奋斗。美国有一本畅销书叫作《关照第一号人物》。书中露骨地写道："关照第一号人物（第一号人物的意思就是你自己）给享乐的心态增添了一个合理的、文明的口头禅：只要一个人不用强力干涉别人的权利，他的基本道德义务就是追求快乐……在关照第一号人物的道理中，合理的自私心是基本因素之一。"

然而，要求追求享乐的人"不用强力干涉别人的权利"无疑是一种幻想。享乐主义者必然是"我"字当头，个人利益第一，当个人利益与他人利益发生矛盾时，他必然会不惜牺牲后者而满足前者，甚至为了满足自己可怜的、自私的享乐而不择手段，把自己的快乐建立在别人的痛苦之上。在行动中则表现为自私自利、唯利是图、损人利己、损公肥私、违法犯罪等。一个具有享乐的心态者是没有什么道德感的，"花最少限度的气力博取最大限度的快乐""冒最少的危险去换取最大的快乐"便是他们的道德信条。在这种信条支配下，还有什么事情干不出来呢！

享乐的心态说到底就是一种剥削阶级人生观。它根源于私有制经济关系，在私有制社会里，一切剥削阶级由于他们占有生产资料，取得了不劳而获、贪得无厌地鲸吞他人劳动成果和社会财富的权力。剥削阶级为了尽情享乐，不择手段地剥削和压迫劳动人民，"并且把别人的劳动、别人的血汗看作自己贪欲的虏获物"。

马克思曾鞭辟入里地剖析道："享乐哲学一直只是享有享乐特权的社会知名人士的巧妙说法。"

穷奢极侈的商纣王

在我国古代历史上，持有享乐心态的人物大有人在，其中尤以历代帝王将相居多。他们利用剥削阶级的政权，大肆压榨穷苦百姓的血汗劳动成果，尽情享乐，置人民的生活于不顾。剥削阶级的享乐是建立在劳动人民的痛苦之上的，这种享乐的心态以厌恶劳动、寄生腐化、骄奢淫逸、极端纵欲为其特征。在众多生活奢靡的王侯将相当中，最贪图享乐、骄纵昏庸的莫过于商朝末代君王纣。

商王盘庚死后又传了 11 个王，最后一个王叫作纣。纣为帝乙少子，帝乙正妻所生，得立为太子。纣天资聪敏，体格魁伟，勇力过人，能赤手与猛兽搏斗，能言善辩，恃才傲物。

帝乙死后，纣继位为王。他早年曾经亲自带兵和东夷进行一场长期的战争。他很有军事才能，在作战中百战百胜，最后平定了东夷，把商朝的文化传播到淮水和长江流域一带。在这件事上，商纣是起了一定作用的。

但是在长期战争中，消耗也大，加重了商朝人民的负担，人民的痛苦越来越深了。

纣和夏桀一样，只知道自己享乐，根本不管人民的死活。商纣王的享乐心之盛，在中国古代史上可谓是空前绝后的。他没完没了地建造宫殿，他在他的别都朝歌（今河南淇县）造了一个富丽堂皇的"鹿台"，把搜刮得来的金银珍宝都储藏在里面，命乐师师涓作"北里之舞""靡靡之乐"等淫声怪舞；他又造了一个极大的仓库，叫作"钜桥"，把剥削来的粮食堆积起来。

他建了一个水池，里面灌满的不是水，而是酒，在水池边悬了一些熏肉，挂得满满的（后世称为"酒池肉林"），命令男女脱光了衣服跳下去，互相追逐、淫乱。商纣王通宵达旦地饮酒作乐，不理朝政。他和宠姬妲己过着穷奢极欲的生活。他还用各种残酷的刑罚来镇压人民。凡是诸侯背叛他或者百姓反对他，他就把人捉起来放在烧红的铜柱上活活烤死。

这叫作"炮烙"的刑罚：用青铜制成空心铜柱，中间燃以木炭，将铜柱烧红。凡有敢于议论他是非的人，一律绑在铜柱上烙死。

商纣王享乐的心态如此强烈，激起了臣民的极大不满，但绝大多数人都只是敢怒不敢言。也有少数几个敢于仗义执言、直揭纣王短处的人，都落得个身首异处的下场。

曾经，纣因九侯之女厌恶宫中生活而肉醢九侯。纣王肉醢九侯的举动，激怒了朝臣，但大家只是敢怒不敢言。鄂侯仗着自己是王朝三公的身份，与纣王激烈争辩，指责纣无道，纣当即将他处死，并制成干尸示众。

纣王淫乱日甚一日，他的庶兄微子不忍坐视国家灭亡，苦劝纣王而不得，只好逃离王朝，隐居民间。纣的叔父箕子对纣的暴政早有不满，他装成疯子，混在奴隶之中。纣发现后，命武士将其囚禁。

纣的叔父比干亲眼见微子逃隐，箕子佯狂为奴，非常伤感，又觉得他们未能尽到人臣的责任，认为人主有过错而不劝谏，就是不忠；怕死而不敢进谏，就是不勇。于是他以死相争，接连三日苦苦劝谏纣王，不肯离开一步。

纣恼羞成怒，下令杀死比干，剖腹取心，声称要看圣人的九窍之心。商纣王昏乱暴虐，愈演愈烈，杀王叔比干、囚禁箕子，人民的不满无以复加，连太师、少师都抱着乐器奔周。商纣王众叛亲离也从一定意义上预示了商朝末日的到来。

从历史上看，纣的残暴行为，也确实加速了商朝的灭亡。这时候，在商朝西部的一个部落却正在一天天兴盛起来，这就是周。

周本是一个古老的部落。夏朝末年，这个部落在现在陕西、甘肃一带活动。后来，因为遭到戎、狄等游牧部落的侵扰，周部落的首领古公宜父率领周人迁移到岐山（今陕西岐山县东北）下的平原定居下来。

到了古公宜父的孙子姬昌（后来称为周文王）继位的时候，周部落已经很强大了。周文王是一个能干的政治家，他的生活跟纣王正相反。纣王喜欢喝酒、打猎，对人民滥施刑罚。周文王却禁止喝酒，不准贵族打猎，糟蹋庄稼。他鼓励人民多养牛羊，多种粮食。他还虚心接待一些有才能的人，因此，一些有才能的人都来投奔他。

周部落强大起来，对商朝是个很大的威胁。有个大臣崇侯虎在纣王面前说周文王的坏话，说周文王的影响太大了，这样下去，对商朝不利。纣王下了一道命令，把周文王拿住，关在羑里（在今河南汤阴县一带）地方。由于商纣王以贪图享乐而臭名远扬，所以周部落的贵族利用纣王的这一弱点，把许多美女、骏马和奇珍异宝献给他，又送了许多礼物给纣王的亲信大臣。纣王见了美女珍宝，高兴得眉开眼笑，说："光是这一样就可以赎姬昌了。"立刻把周文王释放了。商纣王享乐的心态如此之强烈，竟然把对自己最有威胁的部落首领也放掉了，可谓是放虎归山。昏庸而糊涂的商纣王哪里知道，若干年后正是他所放掉的这位部落首领之子，亲自带兵毁掉了自己的江山和社稷。

周文王见纣王昏庸残暴，丧失民心，就决定讨伐商朝。可是他身边缺少一个有军事才能的人来帮助他指挥作战。他暗暗想办法物色这种人才，姜尚就是他发现的人才。姜尚出身贫寒，年过花甲也没有进入仕途而大展抱负。他听说周文王重视人才，就天天在岐山的水边钓鱼，希望看见从这里路过的文王。有一天，周文王坐着车，带着儿子和兵士到渭水北岸去打猎。在渭水边，他看见一个老头儿在河岸上坐着钓鱼。大队人马过去，那个老头儿只当没看见，还是安安静静钓他的鱼。文王看了很奇怪，就下了车，走到老头儿跟前，跟他聊起来。经过一番谈话，知道他叫姜尚（又叫吕尚，"吕"是他祖先的封地），是一个精通兵法的能人。文王非常高兴，说："我祖父在世时曾经对我说过，将来会有个了不起的能人帮助我把周族兴盛起来。您正是这样的人，我的祖父盼望您已经很久了。"说罢，就请姜尚一起回宫。那老人家理了理胡子，就跟着文王上了车。因为姜尚是文王的祖父所盼望的人，所以后来叫他太公望；

在民间传说中，叫他姜太公。姜尚受封作文王的军师，后来成为周朝的开国功臣。

姜太公是周文王的好帮手。他一面提倡生产，一面训练兵马。周族的势力越来越大。有一次，文王问太公望："我要征伐暴君，您看咱们应当先去征伐哪一国?"太公望说："先去征伐密须。"有人反对他，说："密须国君厉害得很，恐怕打不过他。"太公望说："密须国君虐待老百姓，早已失去民心，他就是再厉害 10 倍，也用不着怕。"周文王发兵到了密须，还没开战，密须的老百姓先暴动了。他们绑着密须的国君归附了文王。过了 3 年，文王又发兵征伐崇国（在今陕西省沣水县），崇国是商朝西边最大的一个属国。文王灭了崇国，就在那里筑起城墙，建立了都城，叫作丰邑。没过几年，周族逐渐占领了大部分商朝统治的地区，归附文王的部落也越来越多了。文王晚年，已经取得了当时所谓天下的 2/3，造成了对商包围的形势。但是，周文王并没有完成灭商的事业。在他打算征伐纣王的时候，害了一场病死了。

文王死后，武王即位。第二年，武王一面派间谍入殷都搜集情报，一面在孟津大会诸侯，举行军事演习。派去殷都的人回来报告说，纣王残暴腐化，朝里奸臣当道，国中百姓怨恨。前来会盟的 800 诸侯都认为"纣可伐矣"。但武王却以"汝未知天命"为借口，班师还朝了。其实，深通韬略的武王并非笃信天命，而是觉得伐纣时机尚未成熟。《史记·太公世家》说：武王"东伐以观诸侯集否"，此语泄漏天机。原来武王会诸侯于孟津的目的在于试探自己的号召灵不灵，真要伐纣准备还不充足。况且商仍有相当实力，所以需要再等待一下。又过了两年，商纣王更加暴虐专制，他杀死比干，囚禁箕子，闹得众叛亲离。在这种情况下，商纣王仍旧集中全力征伐东夷。武王看到伐纣的时机成熟了。

周朝取代商朝的决定性战役是历史上著名的牧野之战。牧野之战大约发生在公元前 11 世纪中期，是商周两国之间的一场决战。大约在公元前 1066 年，武王在孟津集合起兵车 300 乘、虎贲 3000 人、甲士 45 000 人，并联合庸、蜀、羌、卢、彭、濮等西南各族共同战斗。在孟津，武王举行誓师大会。他历数纣王不祭祀祖宗，不信任亲族，收容四方罪犯逃奴，残暴地奴役百姓等罪状，号召全体将士同心协力跟商纣王决战。

在武王进军的路上，一天，有两个老人挡住了大军的去路，要见武王。有人认出来，这两人本来是孤竹国（在今河北卢龙）国王的两个儿子，哥哥叫伯夷，弟弟叫叔齐。孤竹国王钟爱叔齐，想把王位传给他，伯夷知道父王的心意，主动离开孤竹；叔齐不愿接受哥哥让给他的王位，也躲了起来。在周文王在世的时候，他们两人一起投奔周国，定居下来。这回听到武王伐纣，就赶来阻止。

周武王接见他们时，两人拉住武王的马缰绳说："纣王是天子，你是个臣子。臣子怎能讨伐天子，这可是大逆不道的事啊。"武王左右将士听了这些话，非常生气。有的把剑拔出来，想杀他们。太公望知道这两人不过是两个书呆子，吩咐左右将士不要为难他们，把他们拉开。哪知道这两个人想不开，后来，竟躲到首阳山（在今山西永济西南）上，绝食自杀。周武王的讨纣大军士气旺盛，一路上势如破竹，很快就打到距离朝歌仅仅70里的牧野（今河南淇县西南）。

当武王进攻殷都的消息传到商王宫廷的时候，纣王才停止了歌舞，撤散了酒席，仓促研究对策。那时候，商的主力军几乎都调发到东南前线去征夷方，都城非常空虚。纣王别无办法，只好把大批奴隶和从东南俘虏来的夷人武装起来，拼凑17万人，开往牧野。到了牧野，纣王把由奴隶和战俘编成的队伍布置在前面，让他们与武王的军队先战，把商的"正规军"布置在后面督战。他想，武王的兵力不过5万人，17万人还打不过5万吗？

武王则命令姜尚率兵车300乘，虎贲3000人，直冲商军。平时饱受压迫的奴隶和夷人本来就十分仇恨纣王，这时被迫当兵卖命，更激起他们的无比愤怒。两军刚一接触，奴隶和夷人便在阵前起义，"倒矢而射，傍戟而战"，争先恐后地为武王开道引路直取纣王，商军顿时大乱。武王乘势左手高举黄钺，右手挥舞白旄，指挥全军奋勇攻杀。纣王大败，狼狈逃回到朝歌。武王便率领大军追到朝歌。

晚间，纣王登上装饰最华丽的鹿台，全身挂满珠宝玉器，穿上玉衣自焚而死。商朝就这样灭亡了。商朝虽然灭亡了，但是它留下的贵族和奴隶主在社会上还有一定的势力。为了安抚这些人，武王把纣王的儿子武庚封为殷侯，留在殷都，又派自己的3个兄弟管叔、蔡叔和霍叔去帮助武庚。名义上是帮助，实际上是监视，所以叫作"三监"。

纣王的不仁慈留给我们哪些教训？

纣王在位期间追求自身享乐、骄奢淫乱，整日不理朝政，不顾人民死活，以至于众叛亲离，彻底孤立，最终导致了商朝为周朝所灭。

第四章
世间没有完美的事

　　人们总希望自己身边的一切都是完美的，总希望所有的机会都能在同时出现，总希望整条人生之路风和日丽、鸟语花香，却没想到追求完美的我们，本身就是一种不完美，一种极端的不完美。人生总有许多憾事，世间万物没有十分完美的，因此不必为生活中的遗憾而耿耿于怀，永远留着一份宁静给心灵，留着一份从容给脚步，永远留着一份信念给生活，留着一份热情给追求，永远留着一份希望给明天，留着一份无悔给人生。一味地追求完美，会让我们活得太累、太辛苦；太完美的东西会让我们失去一种真实。

不要为打翻的牛奶哭泣

"不要为打翻的牛奶哭泣"是一句古老的英国谚语，但许多人并不能真正理解它的意义。

在纽约的一所中学任教的霍普金斯老师给他的学生上过一堂难忘的课。

他所教的班级中的很多学生常常为自己的成绩感到不安。他们总是在交完考试卷后充满忧虑，担心自己不能及格，以致影响了接下来的学习。

一天，霍普金斯老师在实验室里为孩子们讲化学试验。他把一瓶牛奶放在试验台的边缘，很容易碰掉。

所有的学生都没有注意到这瓶牛奶。在试验过程中，一位学生碰到了牛奶瓶，瓶子落在地上，碎了。

正当学生为打碎瓶子而不知所措的时候，霍普金斯老师对着全体学生大声说了一句："不要为打翻的牛奶哭泣！"然后他把全体学生都叫到周围，让他们看着地上破碎的瓶子和淌了一地的牛奶，一字一句地说："你们仔细看一看，我希望你们永远记住这个道理。牛奶已经流光，瓶子已经碎了，不论你怎样后悔和抱怨，都没有办法再让瓶子复原。你们要是事先想一想，加以预防，把瓶子放到安全的地方，这瓶牛奶还可以保存下来。可是现在晚了！我们现在所能够做的，就是把它忘记，然后注意接下来要做的事情。"

霍普金斯老师的这番话，使学生们学到了课本上从未有过的知识。许多年后，这些学生还对这一课留有极为深刻的印象。

也许你认为"不要为打翻的牛奶哭泣"是陈词滥调。不错，这句话的确很普通,说是老生常谈也可以。

但是你不能不承认,这句话所包含的智慧经过了无数人的验证。但现实生活中,很多人常常忘记这句话。

应当说,你可以设法改变3分钟以前发生事情所产生的后果,但你不可能改变3分钟之前发生的事情。

也就是说,你无法让时间倒流回到过去,无法让已经成为事实的错误消失,但是你可以让错误成为你未来成功的基石。唯一能够使过去产生价值的办法是,以平静的心态分析当时所犯的错误,从错误中得到教训,把教训铭刻在心,然后把错误忘掉。别忘了,你还要面对新的生活。

做到这一点,是需要勇气和智慧的。

有一位非常有名的足球运动员谈起他输球后的感受:"过去我常常这样做,为输球而烦恼不已。现在我已经不干这种傻事了。既然已经成为过去,何必沉浸在痛苦的深渊里呢?流入河里的水,是不能再取回来的。"

不错,流入河中的水是不能取回来的,打翻的牛奶也不能重新收集起来。但是,你可以在这瓶牛奶打翻后多留心,不让另一瓶牛奶打翻。

一位前重量级拳王在谈到失败时说:"比赛的时候,我忽然感到自己似乎老了许多。打到第十回合时,我的脸肿了起来,浑身伤痕累累,两只眼睛疼得几乎睁不开,只是没有倒下罢了。我模糊地看见裁判员高举起对方的右手,宣布他获得比赛的胜利。我不再是拳王了。我伤心地穿过人群走向更衣室,有人想和我握手,另一些人则含着眼泪,失望地看着我。一年之后我再次和对手比赛,我又失败了。要我完完全全不想这件事,实在是太困难、太痛苦了。但我仍然对自己说,从今以后,我不要生活在过去,不必再自寻烦恼。我一定要勇敢地面对这一现实,承受住打击,决不能让失败打倒我。"

这位前重量级拳王实现了他的话。他承认了失败的事实,跳出烦恼的深渊,努力忘掉一切,集中精神筹划未来。他转向做新拳王的经纪人,为新人经营比赛和策划宣传。

　　他完全投入到自己新的工作之中，没有时间为过去烦恼。这使他感到现在的生活比当拳王时的生活还要快乐。

　　莎士比亚有一句话："聪明人永远不会坐在那里为他们的损失而哀叹，却情愿去寻找办法来弥补他们的损失。"这位快乐地生活着的前重量级拳王的经历就是一个典型的例子。

直面现实是一种勇气

勇敢地面对人生的灾难和挫折，用平静的心态去承受不可更改的事实，请记住，烦恼和苦难只在你的一念之间。

国外有句名言："事情既然已经是这样，就不会成为别的样子。勇于承认事情就是这样的情况，平心静气地接受已发生的事情，是克服更多不幸的第一步。"

罗琳女士在丈夫去世后与儿子安德鲁相依为命，她没有再婚，独自一人辛辛苦苦地承担起了对儿子的抚养、教育义务。终于，安德鲁考入了名牌大学，马上就要毕业了。在毕业前，他就已经被一家大公司签约录用。

对于罗琳女士来说，经过了千辛万苦之后，美好的生活就在眼前。但是天有不测风云，就在安德鲁毕业前夕，罗琳突然接到通知，安德鲁外出时遭遇车祸，不幸去世。

谈到此事，罗琳说："听到儿子车祸身亡的消息，我感到悲痛欲绝。在此之前，我一直觉得生活是如此快乐。我有一个非常讨人喜欢的孩子。为了养育他，我不惜付出全部心血。在我眼里，他具有年轻人一切美好的品质。我感到离开了他便不能生活。无情的电报粉碎了我的希望，我觉得再不值得活下去了。我开始忽视工作，疏远朋友。我放弃了一切，对世界怨恨不已：为什么上帝要夺去我可爱的孩子？为什么这个充满希望的青年还未能开始他的人生旅程，就这样离开了人世？我根本无法接受这个事实。因为伤心过度，我不得不放弃满意的工作，远走他乡，泪水和悲伤成为我生活的全部内容。"

"当我准备辞职，清理办公桌的时候，忽然从抽屉里找到一封落满灰尘的信。那是安德鲁在几年前在我母亲去世时写给我的一封慰问信。信中写道：'我们会永远怀念她的，尤其您更会如此。我知道您会勇敢地面对这一残酷的事实，因为您坚强的人生观必定会使您接受生活的挑战。我永远不会忘记您所教给我的那些美好而深刻的人生道理，不论我们相隔多么遥远，我会永远记住您的微笑。我会像一个真正的男子汉，承受生活带来的一切考验。'我把信反复读了几遍，仿佛听到安德鲁在我身边说：'您为什么不照您说过的话去做呢？坚强地活下去！不论发生什么事，都要把您个人的悲哀藏在微笑底下，继续坚强地生活下去吧！'于是我又回到工作岗位上，我不再对世界感到愤愤不平。我不断对自己说：'事情既然已经到了这种地步，虽然没有力量改变它，可是我能够坚强地活下去。'我全心全意地投入到工作中，结交新的朋友。我不再为无可挽回的过去悲哀，而是懂得了珍惜宝贵的现在。因为我已经接受了现实，或者说接受了命运对我的安排，所以我们现在的生活比以前更加充实，更加快乐。"

不敢面对现实的人是胆小鬼，但接受现实更需要勇气。现实中，有些事情是我们不能左右的，不过有一点是明确的，即我们在左右不了现实时，可以左右自己对待现实的态度。

"能够看破人生的一切，是你人生旅途中最重要的一件事。"这句古代的格言发人深思。

的确，单单是环境，并不能决定我们的一生是幸福还是不幸福。我们对于环境的反应和态度，才能决定我们是否幸福。

人们是经得住灾难与悲剧冲击的，甚至可以战胜它们。不要觉得这是一个不可思议的奇迹，实际上人们内在的精神力量可以坚强得令人惊奇，只要你善于运用这种力量，它可以帮助克服一切困难。人，要比自己想象要坚强得多。

假如你不敢正视现实而妄加抵制，或是焦虑万分，或是畏缩不前，或是心灰意冷、丧失信心，都无法改变不可避免的事实。但是你可以改变自己的情绪，用新的思考方式去向现实挑战，并且战胜它。

我们来看一个大家都很熟悉的例子。20世纪20年代，苏联的一位共青团干部被病魔击倒。他从小就是一位革命者，参加过苏联红军，曾经是骑兵队伍里一名英勇的战士。

和平时期，他是一位建设者，将全部的热情和心血投入到社会主义建设事业中。战争年代的枪伤、建设时期的劳累，使他的身体受到了严重的损害。

正当他奋战在自己的岗位上时，无情的病魔向他袭来，先是下肢瘫痪，他不得不卧床休息，后来眼睛又渐渐失明。病魔可以将他击倒，但没有将他击垮。

他勇敢地面对疾病的挑战，又为自己找到了新的事业，他决心将自己的经历写出来，纪念自己曾经奋斗的伟大事业。眼睛看不到，他就用硬纸做成格子，套在稿纸上。

终于，他写出了一部振奋人心的作品，塑造出了一个激励了无数青年人的英雄形象：保尔·柯察金。你想到他是谁，对，他就是《钢铁是怎样炼成的》作者奥斯特洛夫斯基。

也许你会说，这些都是老生常谈了。但老生常谈并不代表没有道理。也正是因为其中蕴含着永恒的真理，它才会被人们一再谈起。也许你会说，保尔太极端了。或许你我都没有保尔那样的理想主义色彩，将自己的一切献给人类最伟大的事业。但是，保尔的精神、奥斯特洛夫斯基的精神，那种勇敢迎接命运挑战，面对挫折和不幸不屈不挠的坚强，难道不值得我们学习吗？

美国的《生活》周刊曾经刊登过一则故事：一名在战场上受伤的士兵，当他从手术台上苏醒过来时，军医对他说："再休息一段时间，你就会痊愈了，唯一遗憾的是，你失去了你的左脚。"但是这位伤兵却出人意料地大声说："不对，我这只左脚不是失去的，而是被我遗弃的。"凡是读过这则故事的人，都会对这位士兵那种毫不沮丧地接受悲惨事实的勇敢行为感到由衷的敬佩。这位士兵能够把失去的东西称为被遗弃的，显然表示他已经越过了绝望的深渊。

不管"失去的"也好，"被遗弃的"也罢，反正事情已经发生，东西已经失去，这是一个不可更改的事实。如果你认为它是失去的东西，你的内心一定会万分地惋惜，甚至觉得自己受到了沉重的打击。相反，如果你把它想成被遗弃的东西，那就表示这是一种希望，在这种情况下，你将会以轻松的心情来面对这件事，对未来重新产生希望。

罗伯特·哈罗德·卡什诺在他的畅销书《当不幸降临到善良的人们》一书中告诫我们：我们不应该总是把眼光落在过去和痛苦上。不应该总是问自己："为什么不幸偏偏落在我的头上？"

代替这句话的应该是面向未来的问题："既然这一切已经发生，我应该做些什么？"

许多成功的实业家都令人仰慕，但是他们的成功几乎没有一个是一帆风顺的。他们的可贵之处就在于他们都能够接受那些不可逆转的事实。他们不会把时间浪费在对过去毫无用处的抱怨和哀叹上，他们着眼于未来，知道昨天的事情已无可更改，不管你是否愿意接受，它已经发生，成为事实。如果他们缺少这种理智的话，就不会有后来的事业成就。

一位商店老板说："即使我失去了所有的财产，我也不会终日陷于苦恼之中。因为我觉得忧虑不能使人得到任何帮助，我的责任就是尽力把以后的工作做好，这就够了。"

某公司的经理在谈到如何避免忧虑时说："要是我遇到很棘手的问题，只要有一点办法，我就去做，要是没有办法，就干脆忘了它。我从不担心未来，因为没有人能够准确地算出将来的某月某日会发生什么事情，能够影响未来的因素多得数不清，没有一个人能够了解这些事情为什么要发生。你又何必去忧心忡忡呢？只要能大致对未来有个了解，就可以用今天的努力为明天做好准备，但不必担忧，因为担忧没有任何益处，只会耽误我们今天的生活。"

还有一位经理说得更直率："要是碰到没办法处理的事情，我就让它们自行解决，结果也不一定比忧虑万分更坏。"

你知道汽车的轮胎为什么能在路上支持那么长久？忍受那么多摩擦与颠簸吗？

最早制造轮胎的人，是想制造一种抗拒颠簸的坚硬的轮胎，结果没用多久便坏掉了。于是他们设法制造出另一种轮胎，它并不坚硬，但适当的柔软却可以吸收路上所遭受的各种颠簸和摩擦，反而能使它保持很长的时间。同样，如果你在坎坷的人生旅途上，能够承受所有的困难和挫折，你就能生活得更愉快，享受快乐的人生。

如果对生活里遇到的挫折不采取理性的态度来对待，轻易地被困难吓倒，就会使内心遭受沉重的打击，整个人都陷入烦恼、紧张和焦虑不安当中，严重的时候还会自寻死路。如果你一味地逃避严酷的现实，自欺欺人地躲入自己编织的梦幻世界之中，那必然会走上精神错乱的地步。

让挫折成为财富

挫折会让人更加成熟，这同样是人生的宝贵财富。

遇到令人不快的事件，特别是一些生活中的意外，谁都会产生负面情绪，但是长期深陷其中不能自拔，非但于事无补，而且危害自己的身心健康。如果我们改变态度，将每次的失意当作是考验和磨炼自己身心的机会，把它当作超越自己的一次机遇，那么，我们就会不再那么消沉，甚至可能会感谢生活使自己进一步看清了人生的真相。挫折会让人更加成熟，这同样是人生的宝贵财富。

美国克莱斯勒汽车公司的总经理李·艾柯卡，当初在福特汽车公司任总经理时，曾因工作不被信任而遭辞退。也就是这次辞退，大大激发了他的自尊心，他不甘沉寂，应聘到克莱斯勒公司做总经理。艾柯卡大胆改革，采用新的管理措施，终于挽救了连年亏损的克莱斯勒公司，公司的财政状况由亏损转为盈利，并在市场占有率上打败了老东家福特公司。

日本著名的实业家原安三郎曾经说过："年轻时赚100万的经验，并不能成为将来赚10亿元的经验，但损失100万的经验，倒可以培养赚10亿元的经验。逆境是锻炼人才最好的机会。"

许许多多的成功者走过的道路，给人们留下了深刻的启示：艰苦的环境、坎坷的经历不但不能把他们击垮，反而给他们的胜利果实增添了营养。就像中国的思想家孟子那段著名的话："天将降大任于斯人也，必先苦其心志，劳其筋骨，饿其体肤，空乏其身，行拂乱其所为，所以动心忍性，曾益其所不能。"正是由于苦难和不幸激发了人们的潜能，使他们学到了许多平时无法领悟的东西，才使那些成功者走出了平庸，取得了非凡的成就。

弥尔顿在双目失明的情况下，写出了流传后世的不朽诗篇；贝多芬在失去听力的困扰下，创作出震撼人心的《欢乐颂》；海伦·凯勒奇迹般的生涯是伴随着失明和聋哑；柴可夫斯基若不是因为自己婚姻的悲剧，就不会在痛苦中写出不朽的名曲《悲怆交响曲》。在中国也有这样的例子，太史公司马迁说过："盖西伯拘，而演《周易》；仲尼厄，而作《春秋》；屈原放逐，乃赋《离骚》；左丘失明，厥有《国语》；孙子膑脚，《兵法》修列；不韦迁蜀，世传《吕览》；韩非囚秦，才有《说难》《孤愤》。"

所以说，人们的成功往往起因于我们所遭受的苦难和不幸。若是谈到人的潜在能力，那么可以认为人类最惊人的特性，就是能把"负"变成"正"的力量。

对于自身的弱点和不足、困难和挫折，愚蠢的人会说："肯定会失败的，这是命中注定，还是认命吧！"

有识之士则不会怨天尤人，反而会冷静地思考："从这件事中我应该学习到哪些教训？如何才能使情况转危为安？如何才能把劣势转为优势？"他会立足于现有的条件，充分发挥自己的创造性和主动性，做出一番事业。

细看成功者的经验，你可以了解到大多数成功者必须经过磨难，然后才能尝到胜利的甜蜜。事情最好是一次成功，但假使无法达到预期的成功，就应该试着把负的变为正的，把否定变为肯定，这就是创造性的开端。

中国著名京剧表演艺术家周信芳，自幼学艺，7岁时便登台表演，人称"七龄童"，后来他用谐音"麒麟童"作为自己的艺名。

就在周信芳先生20多岁的时候，当时他已经是有名的老生演员，正处于事业顺利发展的时期，他的嗓子因病变得嘶哑，完全失去了往日的洪亮。这种现象在京剧演员身上经常发生，京剧界的行话称之为"倒仓"，很多非常有才华的演员就是因为"倒仓"不得不告别了舞台。

周先生在失声后，一度非常痛苦，但他没有消沉。坚持练功，每天早晨，不管刮风下雨都到僻静处喊嗓、练声。后来，嗓子可以发声了，但是仍然没有恢复到以前的状态。周先生并没有气馁，根据自己嗓音沙哑的特点，潜心研究，创造出一种适合自己的唱法，虽然略带沙哑，但沉郁、雄浑，感情真挚、强烈。重新登台后，周先生的新唱法使观众耳目一新，深受欢迎，迅速红遍了大江南北，名列"四大须生"，他的唱法也成为众人学习的对象。

嗓子失声，可以说是演员的致命伤，许多演员就因此失去了自己的艺术生命。但是，周信芳先生并没有因此放弃，反而将劣势转变为自己的优势，开创出京剧中一个新的流派，成为京剧老生的一代大师。

不要以为只有那些非凡的人物才能够这样，生活中的普通人在面对不幸时都可以激发出自己的潜能，从而使自己走向成功。

美国有一位投资者，他看好农业，于是将自己的全部资金投资了一个农场。但是，当他看到农场时，他才发现自己过于轻信了，他买的那个农场条件非常不好，土地贫瘠，栽种水果或养牛都不行。而此时他已经别无他法了，全部的资金都投在了农场上面。面对打击，他没有怨天尤人，而是积极地想办法。

经过研究，他发现，这里的环境非常适宜响尾蛇的生长。他就开始着手饲养响尾蛇。他把这里建设成一个蛇园，请来了驯蛇师，并大做广告，宣传蛇园的特色，吸引了大批的游客。

几年下来，光是到这里来参观的游客就有 20 多万人，旅游收入已经将原来的投资收回了大半。不仅如此，他对响尾蛇进行深加工，提炼出蛇毒，蛇毒是制药业需求量很大的原料，销路很好。他把蛇皮制成皮包和皮鞋，也深受顾客的欢迎，而蛇肉也被制成罐头销往世界各地。这些产品使他获得了丰厚的收益。

假如当初他一发现农场的土地贫瘠就心灰意冷的话，绝对不会有这样的成功。面对自己的失误，面对投资失败的打击，他没有放弃，用自己的努力把贫瘠的土地变成了财源茂盛的乐土。

其实这样的例子在我们的生活中比比皆是，只要你留心观察，你就会发现，那些快乐的人们、成功的人们都是在用智慧和勇气与困难搏斗。

仁慈——沐浴在美德之下

　　人生最重要的不只是运用你所拥有的，任何人都会这样做，真正重要的是从你的损失中吸取教训，让你的挫折成为你成功的铺路石。这是真正的智慧。

　　就像一句西方格言所说：命运交给你一个酸柠檬，你得想办法把它做成甜的柠檬汁。

该说"不"时要说"不"

做人做事要学会拒绝别人，该说"不"时要说"不"，这是为了正当地保护自己，也是做人做事的一条原则。不要不好意思和没有勇气说"不"，要巧妙地把"不"说出来，否则，受伤害的将是你自己。

凯是一名国企职工，参加工作已两年了。他平时工作忙，除了睡觉外，剩下的时间几乎都是与同事们一起度过。同事们能说爱笑，而他平时性格内向，说话速度慢，同事们就经常学他说话，开他的玩笑。他有时听了很想发脾气，可又怕同事们笑他小心眼，只有委曲求全，不吭声，装作不在意。结果同事们变本加厉，经常取笑他，让他下不了台。凯平时不善于言辞，更不会为自己辩护，只能用逃避的方式来解决问题，尽量减少和同事在一起的时间。他变得越来越沉默了，感觉越来越压抑。他问医生：为什么我成了一个懦弱的人？

在人群中，存在着形形色色的人，每个人都有自己的思想和处世原则，我们不可能去要求别人怎么样去做或不要去做什么，因为每个人都是独立的个体，不受旁人干涉。现实生活中，虽然我们不能改变他们，但我们可以调整或改变自己固有的一些观念。比如：凯遇到被取笑的情况时，习惯反应是压抑、回避，不会发脾气。表面上看，他是为了避免因受到同事们"玩笑式"的伤害而采取一种被动保护自己的方式，实际上是自己的内心在害怕拒绝别人。在这种情况下就要勇敢地说"不"。

人与人的交往需要自己去表达自己的真实想法和感受，甚至有时需要用言语和行动来表达愤怒。只有这样，别人才会明白你的需要是什么，你讨厌和拒绝的是什么，也相当于告诉了人们：我的心灵底线就在这儿。否则，你的沉默只会让人觉得：这样做你不会发火，也不会介意的。这样，自己与别人的关系在交往分寸上就模糊了，结果受伤害的总是你。

伏尔泰曾经说过："当别人坦率的时候，你也应该坦率，你不必为别人的晚餐付账，不必为别人的无病呻吟弹泪，你应该坦率地告诉每一个使你陷入一种不情愿、又不得已的难局中的人。学会拒绝，可能会失掉一些肤浅的交情和友谊，但得到的是同气相求的君子之交，彼此尊重和体谅，这不也很好吗？"

在与人交往的过程中，我们经常会遇到很多自己不愿意做的事。这时，只要我们轻易地说出一个"不"字，也许就能轻松、坦然了，但有些人就感觉这个"不"一字千金，憋足了劲也说不出口，结果苦了自己，也苦了别人。所以，该说"不"时，我们要毫不犹豫地、斩钉截铁地说"不"。

敢于说"不"的人是果断的人，做事情不会拖泥带水、犹豫不决；敢于说"不"的人是有主见、有魄力的人。当然随意说"不"的人也可能是轻率而怕负责任的人。我们需要的是在慎重考虑以后，权衡利弊以后，断然否决。敢于说"不"是需要勇气的，很多不敢说"不"的人往往缺乏勇气，顾虑太多。敢于说"不"能给自己树立一个硬朗的形象，这是一种人格魅力。

敢于说"不"是对自己的负责，也是对别人的负责。应该说"不"的不外乎两种情况：一种是对无理的要求，另一种是对自己无能为力的要求。对于无理的要求，当然应该断然拒绝，否则可能既害自己又害别人。面对一个输红了眼、要你从银行挪用10万元的赌徒，如果你抱着侥幸心理再加上同情心和哥们儿义气，满足他的要求，结果必然是一同被绳之以法。对于自己无能为力的要求，也应该婉言拒绝，否则，会给自己的生活带来麻烦，而且因为最终满足不了别人的要求，不光影响自己的信誉，也可能让人产生误解。有时，说"不"是利己也利人。如果马俊仁面对徒弟提出的"因为受不了而要少跑点"的要求，不能说"不"的话，是绝不可能造就王军霞这样的世界冠军的，他也绝不可能成为一名出色的教练。

敢于说"不"的人是生活有原则的人。一个国家有法律，一个公司有规章，一个家庭有家规，一个人做事要有原则。在碰到原则问题时，千万不能含糊其词，该说"不"时，决不能犹豫。

如何说"不"，还需要点技巧。你可以用一种幽默的方式来拒绝对方，以免对方尴尬，也可以留有余地、留有希望地拒绝，表示你的诚意。如果你在商务活动中，可依公司的名义来拒绝对方，让他知道，这不是你个人的意思，你只是代表公司。

其实，只要别太在乎别人的看法，坚持自身的原则，把"不"字说出口还是不难的，难的可能还是如何把"不"字说好，有的人说个"不"字会说掉一个朋友，而有的人却会说来一个朋友。关键要真诚，对事不对人，相信对方会谅解你、也会更尊重你的。

开放自己封闭的头脑

无论做什么事，只有出奇才能制胜，这是一种上乘的做事心态。出奇就是想别人所没有想到的，做别人没有做到的，只有这样，你才能在竞争中脱颖而出。而要出奇，就必须打开封闭的头脑，也许一个新的创见，就可能改进我们的工作业绩，改变我们的生活。

松下幸之助创业之初是由生产电插头起家的，由于插头的性能不好，产品的销路大受影响，不多久，他就陷入三餐难继的困境。一天，他身心俱疲地独自走在路上。一对姐弟的谈话，引起了他的注意。

姐姐正在熨衣服，弟弟想读书，无法开灯（那时候的插头只有一个，用它烫衣服就不能开灯，两者不能同时使用）。

弟弟吵着说："姐姐，您不快一点开灯，叫我怎么看书呀？"

姐姐哄着他说："好了，好了，我就快烫好了。"

"老是说快熨好了，已经过了30分钟了。"

姐姐和弟弟为了用电，一直吵个不停。

松下幸之助想：只有一根电线，有人熨衣服，就无法开灯看书；反过来说，有人看书，就无法熨衣服，这不是太不方便了吗？何不想出同时可以两用的插头呢？

他认真研究这个问题，不久，他就想出两用插头的构造。

试用品问世之后，很快就卖光了，订货的人越来越多，简直是供不应求。他只好增加工人，扩建工厂。松下幸之助的事业，就此走上稳步发展的轨道，逐年发展，利润大增。

亨利·兰德平日非常喜欢为女儿拍照，而每一次女儿都想立刻看到父亲为她拍摄的照片。于是有一次他就告诉女儿，照片必须全部拍完，等底片卷回，从照相机中取出来后，再送到暗房用特殊的药品显影。而且，副片完成之后，还要照射强光使之映在别的相纸上面，同时必须再经过药品处理，一张照片才告完成。他向女儿做说明的同时，内心却问自己说："等等，难道没有可能制造出'同时显影'的照相机吗？"对摄影稍有常识的人，听了他的想法后都异口同声地说："哪会有可能。"并列举一打以上的理由说："这纯属是一个异想天开的梦。"但他却没有因受此批评而退缩，于是他告诉女儿的话就成为一种契机。最后，他终于不畏艰难地完成了"拍立得相机"。这种相机的作用完全依照女儿的希望，因而，兰德企业就此诞生了。

"拍立得"相机正式投产后，发明者应如何宣传和推销这种新式相机呢？经过慎重考虑，兰德请来了当时美国颇有名望的推销专家——霍拉·布茨。布茨一见"拍立得"顿生好感，欣然受命担任专门负责营销的经理。

迈阿密海滨是美国的旅游胜地，每年来此度假的旅客成千上万。精明的布茨认为这里是理想的推销场所，他专门雇用了一些泳技高超、线条优美的妙龄女郎，在海滨浴场游泳时假装不慎落水，然后再由特意安排的救生员将其救起，惊心动魄的场面引来了许多围观的游客，这时，"拍立得"相机立刻大显身手，眨眼工夫，一张张记录当时精彩场面的抢拍照片展现在人们面前，令见者惊讶不已；推销员便趁机推销这种相机。就这样，"拍立得"相机迅速由迈阿密走向全国，成了市场的热门商品，畅销不衰。公司因此生意兴隆，声名鹊起。

美国有一家牙膏公司，产品优良，包装精美，深受广大消费者的喜爱，营业额蒸蒸日上。记录显示，前 10 年每年的营业增长率为 100%，令董事部雀跃万分。不过，业绩进入第十一年、第十二年及第十三年时，却停滞下来，每个月维持同样的数字。董事部对此 3 年业绩表现感到不满，便召开全国经理级高层会议，以商讨对策。

会议中，有名年轻经理站起来，对董事部说："我手中有张纸，纸里有个建议，若您要使用我的建议，必须另付我 5 万元！"总裁听了很生气说："我每个月都支付你薪水，另有分红、奖励，现在叫你来开会讨论，

仁慈——沐浴在美德之下

你还要另外5万元，是否过分?""总裁先生，请别误会。若我的建议行不通，您可以将它丢弃，一分钱也不必付。"年轻的经理解释说。"好!"总裁接过那张纸，阅毕，马上签了一张5万元支票给那年轻经理。

那张纸上只写了一句话：将现有的牙膏开口扩大1毫米。

总裁马上下令更换新的包装。试想，每天早上，每个消费者多用开口扩大1毫米后挤出的牙膏，每天牙膏消费量将多出多少倍呢? 这个决定，使该公司第十四年的营业额增加了32%。

一个奇妙的想法，一个小小的改变，往往会引起意料不到的效果。当我们面对新知识、新事物或新创意时，千万别将头脑密封，置之于不顾，应该学会开放，接受新知识、新事物。

用耐心去等待成功

　　成功在很多时候取决于每个人对待成功与失败的态度。

　　一位全国著名的推销大师，即将告别他的推销生涯，应行业协会和社会各界的邀请，他将在该城中最大的体育馆，做告别职业生涯的演说。那天，会场座无虚席，人们热切地、焦急地等待着那位伟大的推销员做精彩的演讲。

　　当大幕徐徐拉开，舞台的正中央吊着一个巨大的铁球。为了这个铁球，台上搭起了高大的铁架。

　　一位老者在人们热烈的掌声中，走了出来，站在铁架的一边。他穿着一件红色的运动服，脚下是一双白色胶鞋。人们惊奇地望着他，不知道他要做出什么举动。这时两位工作人员，抬着一个大铁锤，放在老者的面前。

　　主持人这时对观众讲：请两位身体强壮的人，到台上来。好多年轻人站起来，转眼间已有两名动作快的跑到台上。老人这时开口和他们讲规则，请他们用这个大铁锤，去敲打那个吊着的铁球，直到把它荡起来。一个年轻人抢着拿起铁锤，拉开架势，抡起大锤，全力向那吊着的铁球砸去，一声震耳的响声，那吊球动也没动。他就用大铁锤接二连三地砸向吊球，很快他就气喘吁吁。另一个人也不示弱，接过大铁锤把吊球打得叮咚响，可是铁球仍旧一动不动。台下逐渐没了呐喊声，观众好像认定那是没用的，就等着老人做出什么解释。会场恢复了平静，老人从上衣口袋里掏出一个小锤，然后认真地，面对着那个巨大的铁球。他用小锤对着铁球"咚"敲了一下，然后停顿一下，再一次用小锤"咚"敲了一下。人们奇怪地看着，老人就那样"咚"地敲一下，然后停顿一下，就这样持续地做。

10 分钟过去了，20 分钟过去了，会场早已开始骚动，有的人干脆叫骂起来，人们用各种声音和动作发泄着他们的不满。老人仍然一小锤一小锤不停地工作着，他好像根本没有听见人们在喊叫什么。人们开始愤然离去，会场上出现了大块大块的空缺。留下来的人们好像也喊累了，会场渐渐地安静下来。

大概在老人进行到 40 分钟的时候，坐在前面的一个妇女突然尖叫一声："球动了！"霎时间会场立即鸦雀无声，人们聚精会神地看着那个铁球。

那球以很小的幅度动了起来，不仔细看很难察觉。老人仍旧一小锤一小锤地敲着，人们好像都听到了那小锤敲打吊球的声响。吊球在老人一锤一锤的敲打中越荡越高，它拉动着那个铁架子"咚、咚"作响，它的巨大威力强烈地震撼着在场的每一个人。终于场上爆发出一阵阵热烈的掌声。在掌声中，老人转过身来，慢慢地把那把小锤揣进兜里。老人开口讲话了，他只说了一句话："在成功的道路上，你没有耐心去等待成功的到来，那么，你只好用一生的耐心去面对失败。"

实际上，只要我们注意观察，就会吃惊地发现，那些生活在贫困线上的人才是真的有耐心、有吃苦耐劳的品质，他们正是以这种惊人的耐心忍受着不成功的现实和生活。

很多的人以为成功很难，成功要付出太多，成功会很痛苦，就不去想和追求。那是不是不成功就很舒服、很自在、很潇洒了？当然不是，事实上，不成功才真的更难。有的人不肯付出一时的努力去博取成功，去换取一生的幸福，却甘愿用尽一生的耐心去面对失败的痛苦。生活在贫困线上的人面对的是吃饭、穿衣、生存这样的大事，这是涉及生死存亡的大事，他们的心理压力会小么？他们甚至可以用健康、犯罪、甚至是生命去拼，只是为了换取生活中最基本的需要。他们付出的代价是巨大的，他们又何以轻松呢？

你可以不思成功，但你的生活并不会因此而轻松。你可以追逐成功，但要有耐心，你会因此而生活得更好。

那些追逐成功的人，是为了获得更好的生活、更高的地位、更大的成就，就因为他们有梦想和肯于奋斗，他们不用去为生存本身发愁，他们时刻想着如何让以后变得更好。

你是选择创造、追求成功的生活呢，还是安于现状、不思进取、得过且过？当然，你有权力选择你要的生活。

不要一味地模仿别人

你可以模仿别人，但不可一味地进行模仿。不要活在别人的影子里，你就是你，不是别人的翻版。大踏步地向前走，留下属于自己的脚印，才能够活出真正的你自己。

走一条从来没有人走过的新路，总是比走别人已经走过的旧路要慢。因为，走新的路，通常要遇到更多的障碍，要面对更大的未知风险。看清楚眼前要走的路，特别是留意别人怎样走同样的路，一定有让你受益的地方，它让你避免重复别人已经走过的弯路。

另外有一些路，很值得你跟着别人一起走，这会让你成功的机会更大，就像大雁互相换位借力飞行一样。也就是说，在某些时候，我们可以模仿别人，以便使自己尽早成功。

安东尼与美国陆军签订协议，帮助陆军进行射击训练。他成功地运用模仿创造了培训射击的奇迹。他找来两名神射手，并找出他们在心理及生理上的差异之处，建立正确的射击要领。随之对新手进行一天半的课程训练。

课后进行测试，所有人都及格，而列为最优等级的人数竟是以往平均达到人数的 3 倍多。

一味地去模仿别人，很容易失去本来的自己。下面这个故事就说明了这一点。

一只麻雀，总想学孔雀的样子。孔雀的步法是多么骄傲啊！孔雀高高地扬起头，抖开尾巴上美丽的羽毛，那开屏的样子是多么漂亮啊！"我也要像这个样子，"麻雀想，"那时候，所有的鸟赞美的一定会是我。"麻雀伸长脖子，抬起头，深吸一口气让小胸脯鼓起来，伸开尾巴上的羽毛，也想来个"麻雀开屏"。

麻雀学着孔雀的步法前前后后地踱着方步。可这些做法,使麻雀感到十分吃力,脖子和脚都疼得不得了。最糟的是,其他的鸟——趾高气扬的黑乌鸦、时髦的金丝雀,还有蠢鸭子,全都嘲笑这只学孔雀的麻雀。不一会儿,麻雀就觉得受不了了。

"我不玩这个游戏了,"麻雀想,"我当孔雀也当够了,我还是当个麻雀吧!"但是,当麻雀还想像原来那个样子走路时,已经不行了。麻雀再没法子走了,除了一步一步地跳外,再没别的办法了。这就是为什么现在麻雀只会跳不会走的原因。

洛威尔说:"茫茫尘世,芸芸众生,每个人必然都会有一份适合他的工作。"

在个人成功的经验之中,保持自我的本色及以自身的创造性去赢得一个新天地,是有意义的。

著名的威廉·詹姆斯,曾经谈过那些从来没有发现他们自己的人。他说一般人只发展了10%的潜在能力。"他具有各种各样的能力,却习惯性地不懂得怎么去利用。"

成功者走过的路,通常都不适合其他人跟着重新再走。在每个成功者的背后,都有自己独特的、不能为别人所仿效和重复的经历。

金·奥特雷刚出道之时,想要改掉他得克萨斯的乡音。为了像个城里的绅士,便自称为纽约人,结果大家都在背后耻笑他。后来,他开始弹奏五弦琴,唱他的西部歌曲,开始了他那了不起的演艺生涯,成为全世界在电影和广播两方面最有名的西部歌星之一。

玛丽·玛格丽特·麦克布蕾刚刚进入广播界的时候,想做一个爱尔兰喜剧学员。结果失败了。后来她发挥了她的本色,做一个从密苏里州来的、很平凡的乡下女孩子,结果成为纽约最受欢迎的广播明星。

卓别林开始拍电影的时候,那些电影导演都坚持要卓别林学当时非常有名的一个德国喜剧演员,可是卓别林直到创造出一套自己的表演方法之后,才开始成名。

鲍勃·霍伯也有相同的经验,他多年来一直在演歌舞片,结果毫无成绩，一直到他发展出自己的笑话本事之后，才一夜成名。威尔·罗吉斯在一个杂耍团里，不说话光表演抛绳技术，继续了好多年，最后才发现他很有幽默感，在讲笑话上有特殊的天分，他开始在耍绳表演的时候说话，才获得成功。

我们每个人的个性、形象、人格都有其相应的潜在的创造性，我们完全没有必要去一味嫉妒他人的优点。在每一个人的成功过程中，一定会在某个时候发现，羡慕是无知的，一味地模仿也就意味着自杀。不论好坏，你都必须保持本色。

第五章
宽容是一种至高境界

　　宽容，是一种美德。我们为人宽容，就能解人之难，补人之过，扬人之长，谅人之短；我们为人宽容，就能赢得友谊，获得更多的朋友。宽容是高尚的。宽容是一种境界。一个人真诚地宽容别人的过失，他的境界就上了一个层次；一个人学会了宽容，他就掌握了一种提高自我的有效办法。

　　一个不能宽容的人，会整天陷入烦恼之中，心胸狭隘，处处设防，对人怀有敌意；一个懂得宽容的人，会体察他人的内心世界，诚心帮助他人，心胸开阔，与人为善，因而受到他人的尊重。

保持一种创新思维

创新思维是一种积极的心态，凡成大事者都有超出常人的创新思维。在残酷的竞争面前，创新思维会给当事人带来生机和活力。毫无疑问，我们必须要保持一种创新思维，用新思维突破常规观念，超越自己的过去，才能立于不败之地。

因此，创造性思维的结果不能保证每次都能取得成功，有时可能毫无成效、有时可能得出错误的结论，这就是它的风险。但是，无论它取得什么样的结果，都具有重要的认识论和方法论的意义。因为即使是不成功的结果，也向人们提供了以后少走弯路的教训。常规性思维虽然看来"稳妥"，但是它的根本缺陷是不能为人们提供新的启示。

对于想成功的人来说，必须明白：人们为了取得对尚未认识的事物的认识，总要探索前人没有运用过的思维方法，寻求没有先例的办法和措施去分析认识事物，从而获得新的认识和方法，从而锻炼和提高人的认识能力。

在实践过程中，运用创新性思维，提出的一个又一个新的观念，形成的一种又一种新的理论，做出的一次又一次新的发明和创造，都将不断地增加一个人成为成大事者的能力。

创新思维不断满足一个人已有的知识经验，努力探索尚未被认识的世界，从而打开新的活动局面。没有创新性思维，没有勇于探索和创新的精神，一个人只能停留在原有水平上，不可能在创新中发展，在开拓中前进，必然陷入停滞甚至倒退的状态。

成功的可贵之处在于创造性的思维。一个成大事的人只有通过有所创造，才能体会到人生的真正价值和真正幸福。创新思维在实践中的成功，更可以使人享受到人生的最大幸福，并激励人们以更大的热情去继续从事创造性实践活动，为自己的成大事者之路奠定基础，实现人生的更大价值。

世界上因创新成大事的人简直是不胜枚举。

法国美容品制造师伊夫·洛列是靠经营花卉发家的。他在一次新闻发布会上感触颇深地说道："能有今天，我当然不会忘记一个司空见惯的秘诀，而这个秘诀我尽管经常与它擦肩而过，但过去却未能予以足够的重视，也没有把它当作一回事来对待。而现在我却要说，创新的确是一种美丽的奇迹，它给了我成大事的支点。"

伊夫·洛列1960年开始生产美容品，到1985年，他已拥有960家分号，各个企业在全世界星罗棋布。伊夫·洛列生意兴旺，财源茂盛，摘取了美容品和护肤品的桂冠。他的企业是唯一使法国最大的化妆品公司"劳雷阿尔"惶惶不可终日的竞争对手。这一切成就，伊夫·洛列是悄无声息地取得的，在发展阶段几乎未曾引起竞争者的警觉。他的成功有赖于他的创新精神。

"我成大事的秘诀很简单，那就是永远做一个不向现实妥协而刻意创新的叛逆者。"这是美国实业家罗宾·维勒的话。罗宾·维勒的言行是一致的。我们能从罗宾·维勒的身上看到创新思维对一个人成功所起的作用有多么巨大。

当全美短筒皮靴成为一种流行时尚的时候，每个从事皮靴业的商家几乎都趋之若鹜地抢着制造短皮靴供应各个百货商店，他们认为赶着大潮流走要省力得多。罗宾当时经营着一家小规模皮鞋工场，只有十几个雇工。他深知自己的工场规模小，要挣到大笔的钱确非易事。自己微薄的资本、很小的规模，根本不足以和强大的同行相抗衡。而如何在市场竞争中获得主动权，争取有利地位呢？罗宾选择了两条道路：

一是在皮鞋的用料上着眼。就是尽量提高鞋料成本，使自己工场的皮鞋在质量上胜人一筹。

然而，这条道路在白热化的市场竞争中行走起来是很困难的，因为自己的产品产量比别人少得多，成本自然就比别人高，如果再提高成本，那么获利有减无增。显然，这条道路是行不通的。

二是着手皮鞋款式改革，以新领先。罗宾认为这个方法比较妥当，只要自己能够翻出新花样、新款式，不断变换、不断创新，招招占人之先，就可以打开一条出路，如果自己创造设计的新款式为顾客所钟爱，那么利润就会接踵而至。

经过一番深思熟虑，罗宾决定走第二条道路。他立即召开了一个皮鞋款式改革会议，要求工场的十几个工人各尽其能地设计新款式鞋样。为了激发工人的创新积极性，罗宾规定了一个奖励办法：凡是所设计的新款鞋样被工场采用的设计者，可立即获得 100 美元的奖金；所设计的鞋样通过改良被采用，设计者可获 50 美元奖金；即使设计的鞋样不能被采用，只要其设计别出心裁，均可获 100 美元奖金。同时，他即席设立了一个设计委员会，由 5 名熟练的制鞋工人任委员，每个委员每月额外支取 100 美元。

这样一来，这家袖珍皮鞋工场里，马上掀起了一阵皮鞋款式设计热潮，不到一个月，设计委员会就收到 40 多种设计草样，采用了其中 3 种款式较别致的鞋样。立即召集全体大会，给这 3 名设计者颁发了奖金。

罗宾的皮鞋工场很快就把这 3 个新款式皮鞋试行生产。第一次将每种新款式皮鞋制作 1000 双，制成后立即将其送往各大城市推销。顾客见到这些款式新颖的皮鞋，立即掀起了一股购买热潮。

两星期后，罗宾的皮鞋工场收到 2700 多份数量庞大的订单，这使得罗宾终日忙于出入各大百货公司经理室大门，跟他们签订合约。因为订货的公司多了，罗宾的皮鞋工场逐渐扩大起来，3 年之后，他已经拥有 18 间规模庞大的皮鞋工场了。

不久危机又出现了，当皮鞋工场一多起来，做皮鞋的技工便显得供不应求了。最令罗宾头疼的情形是别的皮鞋工场尽可能地把工资提高，挽留自己的工人，即便罗宾出重资，也难以把其他工场的工人拉出来。缺乏工人对罗宾来说是一道致命的难关。因为他接到了不少订单，如无法给买主及时供货，而这将意味着他得赔偿巨额的违约损失。

罗宾忧心忡忡。他又召集 18 家皮鞋工场的工人开了一次会。他始终相信，集思广益，可以解决一切棘手的问题。罗宾把没有工人可雇佣的难题告诉大家，要求大家各尽其力地寻找解决途径，并且重新宣布了以前那个动脑筋有奖的办法。

会场一片沉默，与会者都陷入思考之中，搜肠刮肚地想办法。过了一会儿，有一个小工举起右手请求发言。罗宾嘉许之后，他站起来怯生生地说："罗宾先生，我以为雇请不到工人无关紧要，我们可以用机器来制造皮鞋。"

罗宾还没来得及表示意见，就有人嘲笑那个小工："孩子，用什么机器来造鞋呀？你是不是可以造一种这样的机器呢？"

那小工窘得满面通红，惴惴不安地坐了下去。罗宾却走到他身边，请他站起来，然后挽着他的手走到主席台上，朗声说道："诸位，这孩子没有说错，虽然他还没有造出一种造皮鞋的机器，但他这个办法却很重要，大有用处，只要我们围绕这个概念想办法，问题定会迎刃而解。我们永远不能安于现状，思维不要局限于一定的桎梏中，这才是我们永远能够不断创新的动力。现在，我宣告这个孩子可获得500美元的奖金。"

经过4个多月的研究和实验，罗宾的皮鞋工场的大量工作就已被机器取而代之了。

罗宾·维勒的名字，在美国商业界，犹如一盏耀眼的明灯。他的成功，与他时时保持锐意创新的精神是密不可分的。

有这样一个题目：$1+1=1$。成立吗？千万不要像回答脑筋急转弯那样，回答说在做错的条件下成立，那是本山大叔和范师傅的在小品中的调侃，与我们这儿没关系。从表面现象看，这只是一个算术题目，没有对它有任何的条件限定。所以，如果我们宽泛地去思考，就会得出许多不同的答案，或者说在不同条件下有不同的结果。例如，我们给它一个测量单位，就可以写成：1（里）＋1（里）＝1（公里）。当然，你也可加一个"斤"字作为单位，写成1（斤）＋1（斤）＝1（公斤）。这也只是在其量化上做了一点文章，如果思维再宽厚一些，也许答案会更多，更出奇，更体现创新思维的能力。

不解放思想，不创新思维，面对生活中突如其来的事情，我们也不可能从容不迫地处理，也不可能做到游刃有余。生活中发生的许多极端的事件，就是因为人们的思想比较落后，比较固始，想不开，想不宽，想不透产生的。

总之，解放思想，创新思维，开拓进取是一件不容易的事。真的是说起来容易，做起来就不是那么顺利了。但是，社会的进步，历史的发展，经济社会的推陈出新，以及我们所处的时代，要求我们必须解放思想，创新思维，开拓进取。因此，我们要努力学习、勇于实践，努力开拓视野，接受更先进、更科学、更符合发展规律的知识。并不断总结，不断更新思维和思考问题的方式方法，多角度、深层次分析问题，从而有效地提高我们解决问题的能力。

　　思维可分为常规性思维和创造性思维两种。常规性思维一般是按照一定的固有思路方法进行的思维活动，他们的思维缺乏灵活性。创新性思维的核心是创新突破，而不是过去的再现重复。它没有成大事的经验可借鉴，没有有效的方法可套用。

关注并保持心理健康

心理健康是健康的一个重要组成部分。如果一个人心理不健康就会产生心理疾病。心理疾病可导致多种疾病的发生并能加重某些疾病，会严重影响我们的健康，所以，我们一定要关注并保持心理健康。要做到这一点，最主要的是要有一种乐观向上的积极心态。

健康是人类生存极为重要的内容，它对于人类的发展，社会的变革，文化的更新，生活方式的改变，有着决定性的作用。那么，一个人怎样才算健康呢？世界卫生组织曾明确规定：健康不仅是身体没有疾病，而且应当重视心理健康，只有身心健康、体魄健全，才是完整的健康。可见心理健康是人的健康不可分割的重要部分。

心理健康就是指一个人的生理、心理与社会处于相互协调的和谐状态，其特征如下：

1. 情绪稳定与愉快

情绪稳定与心情愉快是心理健康的重要标志。它表明一个人的中枢神经系统处于相对的平衡状态，意味着机体功能的协调。如果一个人经常愁眉苦脸，抑郁绝望，喜怒无常，则是心理不健康的表现。

2. 智力正常

人的智力分为超常、正常和低常 3 个等级。正常智力水平，是人们生活、学习、工作、劳动的最基本的心理条件。

3. 有良好的人际关系

人生活在社会中，就要善于与人友好相处，助人为乐，这也是获得心理健康的重要方法。

4. 有良好的适应能力

人生活在纷繁复杂、变化多端的大千世界里，一生中会遇到多种环境及变化，因此，一个人应当具有良好的适应能力，无论现实环境有什么样的变化，都将能够适应，这也是心理健康的标志之一。

5. 行为协调统一

一个心理健康的人，其行为受意识支配，思想与行为是统一协调的，并有自我控制能力。如果一个人的行为与思想相互矛盾，注意力不集中，思想混乱，支离破碎，做事杂乱无章，就是心理不健康的表现。

以上是心理健康的主要特征，但是心理健康并非是超人的非凡状态，一个人的心理健康也不一定在每一个方面都有表现，只要在生活实践中，能够正确认识自我，自觉控制自己，正确对待外界影响，使心理保持平衡协调，就具备了心理健康的基本特征。

心理健康对于我们来说是极其重要的，那么，怎样才能保持心理健康呢？

1. 不要高兴过度

高兴本来是好事，但要防止"乐极生悲"，特别是当生活中有突如其来的好事降临时，例如：久别亲人团聚、摸彩中了大奖等等。高兴过度会引起大脑中枢兴奋性增强，使交感神经过度亢奋，这对患有心脑血管疾病的人来说尤其不利。

2. 不要悲伤过度

当人们遭遇不幸时，应当学会调节、控制自己的情绪，故友离散、亲人谢世、朋友反目、恋人分手等等，都会给人心理上造成沉重打击。此时我们切勿钻入牛角尖，更不要沉湎其中不能自拔，要学会摆脱，用向好友倾诉、向心理医生咨询等方法，尽快使自己走出心理危机。

3. 不要忧虑过度

虽说是"人无远虑，必有近忧"，然而凡事应有个尺度，切不可杞人忧天，终日忧心忡忡、无端悲愁。即使生活中确实发生了令人烦恼、焦虑的事情，我们也应振作精神、积极面对，而不该整天闷闷不乐地就此消沉下去。

4. 不要过度猜疑

有些人疑心病较重，乃至形成惯性思维，导致心理变态。一个人如果心胸过于狭窄，对同事、朋友乃至家人无端猜疑，不但会影响工作、影响人际关系、影响家庭和睦，还会影响自己的心理健康。

5. 不要过度焦躁

有些人脾气很急，做事情总想一步到位、一举成功，有些急功近利的心理趋向。当自己的愿望和目标一下子不能如期实现时，他们便会产生焦躁情绪。其实，这种情绪不但于事无补，反而会适得其反并损害身心健康。

6. 不要过度愤怒

工作中出现矛盾是人们经常遇到的事情。此时，最好避免激烈的争吵，更不要三句话说不到一起便"怒发冲冠""拍案而起"，这种做法不但不利于解决问题，反而会激化矛盾。况且，发怒就像"双刃剑"，既伤别人也会伤及自己，正如人们常说的"气大伤身"。此时不如先冷静下来，"退一步海阔天空"，这对矛盾的双方都有好处。

魔力悄悄话

当工作中出现失误时，可能会导致有些人产生自我否定的心理或极其消沉的情绪，严重者甚至自暴自弃。这种做法实不足取，因其对心理健康十分不利。

善待自己

别人可以对不起你，但你不可以对不起自己。对自己好，珍惜自己，爱自己，是最基本的要求，也是对自己负责的表现。每一个生活在这个世界上的人，无论何时，无论发生什么事情都要善待自己。

有这样一个故事。有一天，有个人向大师求教："我该如何学习爱我的邻人？"大师说："不再恨自己。"这个人回去反复思索大师的话，而后回来禀告大师："但是我发现我过分地爱护自己，因为我相当自私，且自我意识甚强，我该如何除去这些缺点？"大师说："对自己友善一点，善待自己，学会爱自己，当自我感到舒畅时，你就能自由自在地爱你的邻人了。"

丽失恋了，割了自己的手腕，被父母发现送去医院。获得新生的她问自己："我真是一无是处吗？为什么连最爱我的恋人都厌倦了我？"

她与男友相识5年，恋爱两年。在她眼里，他是那么优秀，而她则像一只向王子乞求爱情的丑小鸭。于是，她不停地做美容，近似疯狂地购买最时髦的衣服，不停地问他是否爱她。终于有一天他厌倦了，对她说："我们分手吧，这样我们都会轻松一些。"

丽没有错。一个人为她心仪的人付出爱，是非常幸福的事；丽又有错。她在爱情中迷失了自己，以至于为这份美丽的爱情增加了额外的负担。试想一下，一个人如果连自己都不喜欢自己，你还指望谁来真正地喜欢你呢？

曾几何时，生命在哀叹声中暗淡失光，新的机遇在抱怨中与我们擦肩而过，精力同时光一起怅然流逝。然而这一切不如意的事都构成我们生命的一部分，我们摆不脱，推不开。真的，不管处境多难，过得多苦，只要我们真正能体会到生命的尊严与来之不易，明白存在的价值，就会油然而生对自己心灵的感动，就会由衷地觉得好好活着是多么美好，就会理直气壮地善待自己。

现代社会充满着竞争，现代人有太多的忧愁、烦恼，因为有太多的不如意。这都无须过于在意，重要的是要善待自己。

善待自己，要学会忽略那些自己无法改变的缺陷，比如，个子低，皮肤不白，鼻子不高等，学会寻找欢乐，把欢乐带给自己的同时也带给别人。

善待自己，首先要正确认识自己，知道自己的优势和不足，做一个冷静的现实主义者。每个人都有一份追求，一个理想，但期望值不可太高，必须切合实际。对生活有一个清醒的认识，对自己有足够的了解，方能从容面对竞争，笑迎生活的每一天。

善待自己，需要有足够的勇气。无论是名人还是凡人，都应有一份豁达、一份宽容。该要就要，该让就让，不必忸怩作态，而应光明磊落，问心无愧。

善待自己，必须欣赏自己。要欣赏自己的信心和能力，即使身处逆境，也决不放弃，尽快从不幸和失意中奋起，寻求主动，积极进取，信心百倍地投入新生活中，从而感受到生命的幸福。

善待自己，绝不是忽视他人，而应使自己变得宽容。善待自己也善待他人，善待他人的劳动，对小人则应视之为灰尘，不必放在心上。人生短暂，与浩瀚的历史长河相比，世间的功名利禄、恩恩怨怨都是短暂的一瞬。福兮祸所伏，祸兮福所倚。得意与失意，在人的一生中只是过眼烟云。

善待自己，可以使生活多一些光亮，多一点色彩。不必为过去的得失而后悔，不必为现在的失意而烦恼，也不必为未来的不幸而忧愁。摆脱虚荣，宠辱不惊，看山心静，看湖心宽，看星心明，达到善待自己的最高境界，这会使你在任何时候都能笑迎生活，快乐无穷，真实愉快地享受生活的每一天。

要善待自己，就必须学会爱自己。

人会不快乐，绝大多数的时候，不是别人造成的，而是自己的选择——自己对自己不够好！有些人可能会对这句话嗤之以鼻，认为自己很正常，才不会做这种跟自己过不去的事。

没错，就因为每个人都是正常人，才愈发让自己伤害自己这件事变得更残酷，也更无力。因为就算无法爱别人，至少也会爱自己，这是人性，也是人性的自私。为什么有些人连自私这种与生俱来的本能都做不好？

这类人其实比低能者还可怜，起码低能者不会自苦，这类人最擅长的却是自虐，凡事跟自己做对，虽然也知道快乐很重要，也很清楚要对自己好一点，但就像身心失衡一样，心里想的与行为上表现出来的，偏偏是两回事。好比有些人上班迟到成习惯，每个月总要因为被扣掉的薪水而心疼或难过；但就是不愿意早5分钟起床。有些人总是为逞一时口舌之快而吃亏，事后才懊恼不已。有些人明明知道熬夜对身体不好，必须等到失去健康，才悔不当初。有些人很清楚缅怀过去让自己走不到未来，偏偏赖在过去，不愿迈开脚步踏出去。

一个连自己都不爱的人，如何有能力去爱别人？又怎能期待别人爱自己？学会爱自己，我们的人生才值得我们去度过！

敢于向别人证明自己行

在西点军校，学员的体能训练成绩要计入学业等级，他们的平均学业积分要作为他们在同班同学中排名的依据，而这个排名位置决定着每个人可供选择的军官职位的多少。自始至终，西点对学员的评估和界定都是以实际表现而不是以语言或社交能力为基础的。

理想是奋斗的目标，对于一个人的成功非常重要，但是一个人不能只生活在理想之中，这样就无法实现理想，所以有理想和希望固然重要，但是更重要的还是行动。西点认为：喜欢空想的人生活在幻觉里，一旦遇到紧急情况需要他出列时，他拥有的只是幻觉被打破的绝望，绝无冲锋的勇气。

年轻人更容易成为空洞的幻想者，他们幻想着美好的未来，却不愿采取任何行动，哪怕刀架在脖子上也不愿"亮剑"，结果只能是被空想所毁灭。

1492 年，发现了美洲大陆的哥伦布回到西班牙后，出席了一个盛大的欢庆宴会。席间，有个年轻的绅士不屑地说："我看这事算不了什么，你不过是坐船一直往西走，碰上了一块新大陆而已。任何人乘船一直西行，都会有这个发现的。"哥伦布从桌上拿起一个煮熟的鸡蛋，对年轻人说："你来试试，让它小头朝下立在桌子上。"绅士坐在那里想了好久，最后说："这不大可能，你这是在难为我。"哥伦布接过来，尖头朝下轻轻一磕，鸡蛋稳稳地立住了。绅士大叫起来："你把鸡蛋弄破了，这怎么能算！"哥伦布说："你和我的差别正在这里，你不屑于行动，我敢于行动。不行动的人永远发现不了美洲大陆。"

可见，成功始于心动，成于行动。一个只懂得坐在云端想入非非而不能脚踏实地地去努力的人，是永远也不会取得成功的。只有把理想和现实结合起来，才有可能成为一个成功的人。西点军校从不给学员长篇大论的机会，学员们只能用切实的行动说话。

西点人的确存在着这种观点：坚强的勇士之所以始终保持沉默，是因为他的直接行动使靠不住的吹牛行为黯然失色。安静同时又值得信任——这是许多无言英雄赢得尊重和影响力的方式。靠自身的行动证明自己，用行动说话，行动是最具说服力的武器。很多领导者之所以德高望重，就因为他们能"以身作则"，用自己的行动说服他人，而不只是空洞的命令或口号。

毕业于西点军校的名将艾森豪威尔是个很有威望的将领，他领导的百万大军士气旺盛，他的秘诀就是"以身作则，用行动说服官兵"。

一次和一些将领谈到领导统御的问题，艾森豪威尔找来一根绳子摆在桌上。他用手推绳子，绳子未动；他改用手拉，整条绳子都动了。艾森豪威尔对大家说："领导人就像这样，不能硬推，而要以身作则来拉动大家。"

二次大战期间，艾森豪威尔到前线视察，并对官兵们演说，以鼓舞士气。不巧下雨路滑，讲完话要离去时摔了一跤，引得官兵哄堂大笑。

旁边的部队指挥官赶紧扶起他，并对官兵无礼的哄笑郑重地向他致歉。艾森豪威尔对指挥官悄声说："没关系，我相信这一跤比刚刚所讲的话更能鼓舞士气。"

艾森豪威尔脾气暴烈，人人皆知。大战后期，美军因伤亡惨重，鼓励大家捐血。艾森豪威尔以身作则，立刻以行动来响应这个号召。当他捐完血要离开时，被一名士兵发现了，士兵立刻大声说："将军，我希望将来能输进您的血。"艾森豪威尔说："如果你输了我的血，希望你不要染上我的坏脾气。"

艾森豪威尔的以身作则起到了如此奇妙的功效，这说明，能够证明你自己的唯有行动，只有切实行动了，才会有结果。任何收获或成功，都需要付诸行动，天下没有不劳而获的事，这是亘古不变的法则。西点军校一直秉持这样的理念：平时训练多流汗，战时才能少流血。这个道理是简单的，可是要真正做到并不是一件容易的事。很多年轻人就是这样，自己不去做，可是一旦别人做到了，他又觉得太简单。"事非经过不知难"，必须要亲自尝试，才能体验到事情的难度。把一切事情都停留在口头上和思想上，是没有意义的，你必须要行动起来，证明自己。

人生有许多机会是要靠自己去争取的。如果你有能力，就应该自告奋勇地去争取那种许多人无法胜任的任务，你的毛遂自荐也正好显示你的存在，你成功的机会也将会大大增加。

在现实生活和工作中，我们经常需要推荐自己。其中，在求职时最需要向对方推荐自己，下面我们就来说说在求职时该怎样推荐自己：

1. 推荐自己应以对方为导向

在推荐自己的时候，注重的应该是对方的需要和感受，并根据他们的需要和感受说服对方，被对方接受。某大学新闻系的女生小红，学习成绩好，业务能力强。听说一家全国性报社要人，她先花一天时间钻进图书馆研究这家报纸，然后拿着自己的简历和作品闯进报社总编辑办公室。总编辑看后问道："为什么来我们报社？""你觉得我们报纸有哪些特别之处？哪些不足？"……几番对答，总编不住颔首，结果小红如愿以偿。小红的成功，在于能注意对方的需要而被接受。

2. 推荐自己要有灵活的指向

人有百号，各有所好。对人才的需求也是这样。假如你尽管针对对方的需要和感受仍说服不了对方，没能被对方所接受，你应该重新考虑自己的选择。倘若期望值过高，目光只盯着热门单位，就应适时将期望值下降一点，目光多盯几个单位，还可以到与自己专业技术相关或相通的行业去自荐。咨询专家奥尼尔如是说："如果你有修理飞机引擎的技术，你可把它变成修理小汽车或大卡的技术。"

3. 推荐自己要善于面对面

人们通过面谈可以取得推荐自己、说服对方、达成协议、交流信息、消除误会等功效。面对面推荐自己时，应注意和遵守下面的法则：依据面谈的对象、内容做好准备工作；语言表达自如，要大胆说话，克服心理障碍；掌握适当的时机，包括摸清情况、观察表情、分析心理、随机应变等。

4. 推荐自己要注意控制情绪

人的情绪有振奋、平静和低潮等 3 种表现。在推荐自己的过程中，善于控制自己的情绪，是一个人自我形象的重要表现方面。情绪无常，很容易给人留下不好的印象。为了控制自己开始亢奋的情绪，美国心理学家尤利斯提出了 3 条有趣的忠告："低声、慢语、捶胸"。

宣传自己，应以简短的自传形式扼要概括你的履历、才能、发明创造、贡献目标、理想、爱好等，分寄给你认为有可能对你感兴趣的单位和部门。也可以通过熟人、亲友等传递，还可以通过登广告的形式，向所需要的对方推荐自己。

马上行动最重要

立刻行动起来，不要有任何的耽搁。要知道世界上所有的计划都不能帮助你成功，要想实现理想，就得赶快行动起来。成功的道路有千条万条，但是行动却是每一个成功者必须要付出的，行动也是通向成功的捷径。

在生活中至少存在两种类型的人：一是天天沉浸于幻想中，看不到一点行动的痕迹；二是善于把想法落实到计划中，成为一个敢于行动的人。你是哪一类人？凭你自己的经历，你已经找到了答案。

但是，这个看似人人皆知的问题，在许多人身上并没有引起足够的重视，因为他们常常把失败的原因归罪于外部因素，而不是从自身找到失败的原因。其中很重要的一条是：这些人常常是一名幻想大师，面对那些看不见、摸不着的东西时时心动不已，总以为光凭自己的意愿就能实现人生理想，就能过自己想过的日子，就能成为一个被人羡慕的人。抛开这些特定的人不讲，实际上在我们身边，那些天天抱头空想自己未来的人，之所以没有进步，就在于他们都是"心动专家"，而不是"行动大师"。

有人说，心想事成。这句话本身没有错，但是很多人只把想法停留在空想的世界中，而不落实到具体的行动中，因此常常是竹篮打水一场空。当然，也有一些人是想得多干得少，这种人只比那些纯粹的"心动专家"要强一些，要好一些，但通常他们也很难取得成功。

有句话说得好："100 次心动不如一次行动！"因为行动是一个敢于改变自我、拯救自我的标志，是一个人能力有多大的证明。光心想、光会说，都是虚的，不能看到一点实际的东西。美国著名成功学大师杰弗

仁慈——沐浴在美德之下

逊说："一次行动足以显示一个人的弱点和优点是什么，能够及时提醒此人找到人生的突破口。"毫无疑问，那些成大事者都是勤于行动和巧妙行动的大师。这样的例子，我们可以举出无数。在人生的道路上，我们需要的是：用行动来证明和兑现曾经心动过的事情。

一位侨居海外的华裔大富翁，小时候家里很穷，在一次放学回家的路上，他忍不住问妈妈："别的小朋友都有汽车接送，为什么我们总是走回家？"妈妈无可奈何地说："我们家穷！""为什么我们家穷呢？"妈妈告诉他："孩子，你爷爷的父亲，本是个穷书生，十几年的寒窗苦读，终于考取了状元，官达二品，富甲一方。哪知你爷爷游手好闲，贪图享乐，不思进取，坐吃山空，一生中不曾努力干过什么，因此家道败落。你父亲生长在时局动荡战乱的年代，总是感叹生不逢时，想从军又怕打仗，想经商时又错失良机，就这样一事无成，抱憾而终。临终前他留下一句话：大鱼吃小鱼，快鱼吃慢鱼。"

"孩子，家族的振兴就靠你了，干事情想到了看准了就得行动起来，抢在别人前面，努力地干了才会有成功。"他牢记了妈妈的话，以 10 亩祖田和 3 间老房子为本钱，成为今天《财富》华人富翁排名榜前五名。他在自传的扉页上写下这样一句话："想到了，就是发现了商机，行动起来，就要不懈努力，成功仅在于领先别人半步。"

也许你早已经为自己的未来勾画了一个美好的蓝图，但是它同时也给你带来烦恼，你感到自己迟迟不能将计划付诸实施，你总是在寻找更好的机会，或者常常对自己说：留着明天再做。这些做法将极大地影响你的做事效率。因此，要获得成功，必须立刻开始行动。任何一个伟大的计划，如果不去行动，就像只有设计图纸而没有盖起来的房子一样，只能是一个空中楼阁。

美国海岸警卫队的一名厨师，从确立了他的目标开始，时刻记得行动才是第一位的。空余时间，他代同事们写情书，写了一段时间以后，他觉得自己突然爱上了写作。他给自己订立了一个目标：用两到三年的时间写一本长篇小说。为了实现这个目标，他立刻行动起来。每天晚上，大家都去娱乐了，他却躲在屋子里不停地写啊写。这样整整写了 8 年以后，他终于第一次在杂志上发表了自己的作品，可这只是一个小小的豆腐块而已，稿酬也只不过是 100 美元。他没有灰心，相反他却从中看到了自己的潜能。

从美国海岸警卫队退役以后，他仍然写个不停。虽然稿费没有多少，欠款却越来越多了，有时候，他甚至没有买一个面包的钱。尽管如此，他仍然锲而不舍地写着。朋友们见他实在太贫穷了，就给他介绍了一份到政府部门工作的差事。可他却拒绝了，他说："我要做一个作家，我必须不停地写作。"又经过了几年的努力，他终于写出了预想的那本书。为了这本书，他花费了整整 12 年的时间，忍受了常人难以承受的艰难困苦。因为不停地写，他的手指已经变形，他的视力也下降了许多。

然而，他成功了。小说出版后立刻引起了巨大轰动，仅在美国就发行了 160 万册精装本和 370 万册平装本。这部小说还被改编成电视连续剧，观众超过了 1.3 亿，创电视收视率历史最高纪录。这位大器晚成的作家获得了普利策奖，收入一下子超过 500 万美元。

这位作家的名字叫哈里，他的成名作就是我们今天经常读到的《根》。哈里说："取得成功的唯一途径就是'立刻行动'，努力工作，并且对自己的目标深信不疑。世上并没有什么神奇的魔法可以将你一举推上成功之巅，你必须有理想和信心，遇到艰难险阻必须设法克服它。"

当小叶得知一家企业内刊招聘记者，当即携作品集赶了过去。

到现场一看，仅有的一个岗位，竞争者竟达 125 人！而且其间又不乏学历、资历、年龄、口才诸方面胜过自己者。见此阵势，小叶本欲打退堂鼓，可又一想既然来了，长长见识也是好的，便耐着性子坐下来。

面试的人太多，而且主考官正是该公司的老总，小叶又被安排在后面，看着应聘者一个接一个面色沉重地走出考场，他已预感到形势对自己越来越不利，必须采取独特的面试方式打动老总才能出奇制胜。

这时候，在会客室里坐等的几位应聘者开始闲聊。其中有这么几句牢骚话引起了小叶的注意："来的都是有经验的人，小小内刊还拿不下来？一个面试还搞这么复杂！""肯定要当面出题让应聘者动笔，不怕它，都带了作品集来，还说明不了问题？"

　　小叶心里一动，当即赶往楼下的打字店，以"求贤若渴"为题写下一篇现场短新闻。回到会客室时，正好轮到小叶出场了。

　　面试的内容有些出乎小叶的意料，神色已略显疲惫的老总既没提业务，也不问应聘者经历，而是要小叶从自己的角度谈谈如何当好内刊记者。小叶当即递上刚打印完的那篇短新闻稿。

　　小叶成了应聘人员中百里挑一的幸运儿。老总说："其实正确的方法大家都注意到了，但心动不如行动，你当时要把大家都注意到的东西先做在前面。"

　　一旦你坚定了信念，就要赶紧行动起来，使你前行的车轮运转起来，并创造你所需要的必要的动力。一位演讲家曾经说过，说空话只能导致你一事无成。要养成行动大于言论的习惯，那么即使是很艰难、很巨大的目标，也是能够实现的。

第六章
努力让自己快乐起来

　　快乐其实是一种心境，一种精神状态。快乐发自你内心，你可以随时创造一种"我很快乐"的心境，大多数人要多快乐，就会有多快乐。

　　对于一个人来说，快乐地活着就是成功的人生。谁都会渴望自己能够更多地拥有快乐，然而快乐却不是人人都能拥有的，于是有的人开始怨天尤人，怪上天不偏爱自己，怪命途多舛，抱怨事业不顺、家庭不和……

　　其实这些都不是你不快乐的决定因素，真正决定你快乐与否的只是你自己！

成功有赖于团结协作

"一个篱笆三个桩，一个好汉三个帮"。要想成就一番大事，必须靠大家的共同努力。在现在这个竞争激烈的环境中；只靠一个人打拼天下是不现实的。我们必须有与人团结协作的精神，发挥集体的优势，在事业上取得成就。

李嘉诚的名字在海内外家喻户晓、妇孺皆知。他成功的因素有很多，其中一个主要的原因就是他善于合作，善于和各类竞争高手团结协作。在他的麾下，聚集着这样一群人：

霍建宁，毕业于香港大学，后去美国留学，1979年学成归来被李嘉诚收归长江实业集团，出任会计主任。1985年被委任为长江实业董事。他有着非凡的金融头脑和杰出的数字处理能力。

周千和，20世纪50年代初期就追随李嘉诚，是与李嘉诚南征北战多年的创业者，他勤劳肯干，真诚待人，为人处世严谨精明。

周年茂，周千和的儿子，曾在英国攻读法律，对各项法律条文了如指掌，是经营房地产的老手，属书生型人才，被李嘉诚指定为长江实业发言人。

洪小莲，20世纪60年代末期起就是李嘉诚的秘书，跟随李嘉诚20余年，为李嘉诚立下了汗马功劳。她精明强干、雷厉风行，颇有"女强人"之风。

上述4员大将均属创业奇才，李嘉诚把他们拢在自己帐下，从而使自己成为一个真正拥有人才的大老板。因为他深深明白，成功离不开团结协作。今日这种经济竞争，说到底更是一种人才的竞争。如果拥有了各种人才，并诱导他们贡献自身的努力和聪明才智，就能在竞争中取胜。

仁慈——沐浴在美德之下

李嘉诚还采取"古为今用，洋为中用"的方针，把团结协作运用得淋漓尽致。为了避免东方式的家族化的企业管理模式，他在20世纪60年代就开始大胆启用洋人。20世纪80年代，他又大胆启用了英国人马世民。马世民聪明好学，积累了大量融合东西方企业管理精华的管理经验，是个难得的人才。当时，虽然马世民还名不见经传，但李嘉诚却提升他做了和记黄浦董事兼总经理。

由李嘉诚一手构建的这个拥有一流专业水准和超前意识、组织严密的"内阁"，在激烈的经济竞争中发挥了巨大作用。可以说，李嘉诚财团之所以能够成为跨国财团，和他周围那些能干的中国人、外国人是分不开的。尤其是李嘉诚大胆启用的那些外国人，在帮助他冲出亚洲，走向世界方面既充当了"大使"，又充当了冲锋陷阵的"士卒"。正如一家评论杂志所称道的"李嘉诚这个'内阁'，既结合了老、中、青的优点，又兼备了中西方色彩，是一个行之有效的合作模式。"

如今，李氏王国的业务包括房地产、通讯、能源、货柜码头、零售、财务投资及电力等，十分广泛。试想，如果李嘉诚先生不与他人合作，仅靠一个人的力量，纵使他有三头六臂，也不能创造如此宏大的事业。因此，李嘉诚的成功确切地说应该是团结协作的成功。

我们的祖先早就认识到了合作的重大作用。古代思想家荀子曾说过一句名言："每一个凡人，其实都可以成为伟大的禹。"凡人成为伟大的禹的条件是什么呢？最重要的一条就是团结协作。

在竞争中，如果你不懂得与人合作的重要性，也许会失去许多机会。詹德和、罗泰安是某橡胶公司的两位职员，厂长要在他们两人中选一个人提升为生产科长。谁更合适呢？詹的工作可以说是无懈可击，他很爱与各部门竞争，总想击败对方，在专业技术方面比对手罗强。罗的工作显然没有詹出色，但他知道如何与别的部门配合，并与每一个人都很合作。他力求在各方面配合公司的目标，常找时间去各部门看看，了解别的部门的职责和问题，借以增长自己的知识。最后，厂长选了罗。厂长说："詹是我们工厂最好的领班，但他的事业眼光太狭窄，把自己局限在专业中，限制了晋升的机会。如果只把自己局限在专业里，至多不过变成一个熟练的技术人才而已。"

　　过去我们还提倡"心往一处想，劲往一处使"，认为只要这样就能够干成大事。事实上，光靠这一点是不够的。要想合作得好，尽快出成果、见成效，这个合作的团体还必须协调一致。就像一支正在行进的队伍，尽管听着号令，一起迈步，但是如果其中的一个人慢了半拍，那么，整个队伍就会显得不协调。所以，光是把人员组织起来是不够的，还应使组织中的每个成员充分发挥自己的作用，提供其他成员不具备的特殊才能。有人曾经问过闻名世界的指挥家卡拉扬："您是如何指挥世界著名的交响乐团的?"卡拉扬说："我只强调三个音，来使我的乐队变成团队。首先强调'起音'，起音不齐，乐曲就乱。第二是个人的'专业音'，不管是吹喇叭的还是打鼓的，要表现出自己在专业上认为是最好的、最高段的音。第三个音是'团队音'，当你奏出自己的专业音之后，还要考虑到整体，是不是会成为干扰别人的音。"

　　由于竞争成为日常生活各个领域中一种无处不在的现象，团结互助就显得尤为重要。当今竞争的社会更需要合作精神。事实上，纵观古今中外，凡是在事业上成功的人士都是善于合作的人。

把恐惧拒之门外

　　每个人都会有各种各样的恐惧。这些恐惧不仅是一种心理阴影，更重要的是，它会阻碍你的行动。如何克服恐惧感？最有效的办法就是：把恐惧拒之门外。或者说，要勇敢地迈出实际的步子。

　　在人生的路上，你可能会遇到许多令你担心、烦恼、胆怯、恐惧的事。

　　例如你可能会为担心自己的公司濒临倒闭而心烦意乱；会因为在某项生意中损失惨重而万念俱灰；会担心失去一位重要客户而忧心忡忡；会害怕进行一场棘手的谈判而畏缩不前……这种心理状态，即恐惧感，会阻止你迈出决定性的一步，也会折磨你的身心，使你生病、缩短寿命。

　　二战期间，美国海军要求新兵一定要会游泳。当新兵们站在一块离地6英尺高的木板上，准备往8英尺深的水中跳时，他们吓得洋相百出。但只要他们横下心纵身一跳，结果，就不会再害怕了。有些新兵甚至是被推下去的，结果，他们也不再害怕了。

　　可见，行动可以治愈恐惧。而犹豫、拖延则助长恐惧。比如，你越是对一场艰难的谈判发怵，你就越没有勇气去谈判，拖延的时间越长，恐惧会越厉害。

　　而当你硬着头皮走到谈判桌前时，你反而可能会镇静下来，从容应对。

　　一般来讲，我们所恐惧的事物是真实存在的，例如企业亏损、投资失败、人际关系发生严重问题等等。

　　要想把恐惧拒之门外，要消除它，就要采取实际的行动。不采取行动，恐惧感不但不会减弱，反而会增强，最终打垮你。

曾经有一个故事：战争中，敌机把家园炸成了废墟。许多人深感恐惧，在那里痛哭流涕，觉得一切都完了。唯有一位男子，默不作声地从废墟中拣出一块砖，又一块砖，放到一边——这是重建家园所需要的。他的行动影响了众人，大家停止了哭泣，也默默地干了起来。

在实际生活中，这种采取行动把恐惧拒之门外，从而获得成功的人物不胜枚举。

其中最典型的一个，是本田宗一郎。

本田创业的一生，可说尝够了失败的滋味。一次次打击，换了别人，可能早被击垮了，但本田却战胜了失败带来的灰心失意。他靠的就是一个字：干！

在"好梦号"摩托车诞生之前，本田公司投入新机械的资金已达4.5亿日元。一家从家庭式工厂起步的公司如此胆大妄为，至今想起来仍让人不寒而栗。

新机械大量地购入占了许多资金，但公司却业务不振，连薪水都发不出，实在狼狈不堪。

本田深感肩上担子的沉重，他表情严峻，把希望寄托在自己研制的"好梦号"摩托车上。试车那天，"好梦号"终于上山了，本田和同事抱在一起又哭又叫。"好梦号"成功了！这是本田公司的第一辆真正的摩托车，由本田和河岛设计。新车设计出来了，但销路不畅，工厂大部分时间无所事事，令本田大为悲愤。但他不是那种能被困难吓倒的人。他战胜悲愤的方法，就是参加在代代木公园举行的摩托车赛，以此来宣传自己的产品。

本田摩托车狂驰如飞，遥遥领先，可是在转弯时却被树木绊倒，人被摔出10多米远。当人们把他送往医院时，他却狂呼道："放下我！我要赛到底！"

这样险象环生的车祸至少发生过四五次，但本田也没有被吓倒。

1954年，本田公司费了九牛二虎之力，使自己的摩托车得以参加国际比赛，结果仍被淘汰出局。

仁慈——沐浴在美德之下

本田又用行动战胜了惨败带来的恐惧。7 年以后，本田摩托车终于在罗马大获全胜，囊括了大赛的前 5 名。本田摩托车在一夜之间，名声响彻世界，订货单源源而来，不到 5 年，外销金额突破了 1 兆日元大关。

本田成了媒介宣传的英雄。但他自己却说，他只不过是一个普通人，那种失败的滋味儿并不好受。纵观他的奋斗史，可以看出，使本田能够越过"不好受的滋味"而获得成功的，是因为他能不断地把恐惧拒之门外！

要给自己树立目标

我们的人生不能没有目标，没有目标的人生就像没头的苍蝇。给自己树立目标，竭尽全力向着目标前进，成功人士之所以能成功，是因为他们能够做到这一点。一个人的目标越大，取得的成绩往往就越大；给自己树立一个大目标后，还要树立一些小目标，当小目标一个个达到后，大目标就会达到。

你有目标吗？你一定要有个目标，因为就像你无法从你从来没有去过的地方返回一样，没有目的地，你就永远无法到达。一个人没有目标，就像一艘轮船没有舵一样，只能随波逐流，无法掌握，最终搁浅在绝望、失败、消沉的海滩上。你只有确实地、精细地、明确地树立起目标，你才会认识到你体内所潜藏的巨大能量。

法国著名的自然学家费伯勒，用一些被称作宗教游行毛虫的小动物做了一次不同寻常的实验。这些毛虫喜欢盲目地追随着前边的一个，所以得了这么个名字。

费伯勒很仔细地将它们在一个花盆外的框架上排成一圈，这样，领头的毛虫实际上就碰到了最后一只毛虫，完全形成了一个圆圈。在花盆中间，他放上松蜡，这是这种毛虫爱吃的食物。

这些毛虫开始围绕着花盆转圈。它们转了一圈又一圈，一小时又一小时，一天又一天，一晚又一晚。它们围绕着花盆转了整整七天七夜。最后，它们全都因饥饿劳累而死。

一大堆食物就在离它们不到 6 英寸远的地方，它们却一个个地饿死了。原因无他，只是因为它们按照以往习惯的方式去盲目地行动。

许多人都犯了同样的错误，对生活提供的巨大的财富，只能收获到一点点。尽管未知的财富就近在眼前，他们却得之甚少，因为他们没有目标，只能盲目地、毫不怀疑地跟着圆圈里的人群无目的地走着。

目标的确立能激发你的潜能，会释放你的积极心态，来协助你达到目标。明确的目标能够集中你的注意力及精力。目标让你清楚地看到未来。它们给你勇气去开创并坚持到最后。

有了清楚写下来的目标，你就能够在较短时间内完成一般人需要较长时间才可能达到的成就。

目标的确立能让你的生活及其他的精神法则和谐相处。

目标能够让你应用因果法则而得到最大的利益。你的目标就是你所渴望的结果，而且，当你明确了解这些效果的时候，你就能轻而易举地去探求你能应用并达到目标的因素。

目标让你能够控制自己的生活。利用目标可以控制变化的方向。目标可以帮助你做更好的决定及选择。目标让你能够更明确地分配时间和资源。当你完全了解自己想要的东西时，你就会更冷静且有信心去处理所有的事情。

目标会加深必胜的把握。当你可以把目标具体而清楚地写下来时，你就克服了心里的怀疑及恐惧。你开始相信自己可以达到目标。当信心增长的时候，你更会去做那些有助于达到目标的相关事情。

你越是记得你的目标，就越加强了心理的动力。你会送出思想电波来吸引更多的机会和事件，来助你美梦成真。你越是牢记目标，越去思考如何达成目标，越去想象达到目标之后的那种快乐，你外在世界的成就就更会呼应你的内在世界。

你朝目标迈进的每一步都会增加你的快乐、热忱与自信。每天依据目标工作，你就会逐渐在心中发展出你相信每件事都会成功的绝对信心。每天的进步能让你去除恐惧，解除怀疑。你会从积极的思考进展成为积极的领悟。没有一件事情可以阻挡得了你。

要达到目标，就像上楼一样，不用梯子，一楼到十楼是绝对蹦不上去的，相反蹦得越高就摔得越狠。必须是一步一个台阶地走上去，将大目标分解为多个易于达到的小目标，一步步脚踏实地，每前进一步，达到一个小目标，使你体验到"成功的感觉"，而这种"感觉"将强化你的自信心，并将推动他发展潜能去达到下一个目标。

1984 年，在东京国际马拉松邀请赛中，名不见经传的日本选手山本田一出人意料夺得了世界冠军。当记者问他凭什么取得如此惊人的成绩时，他说了这么一句话："凭智慧战胜对手。"当时，不少人都认为这个偶然跑到前面的矮个子选手是在"故弄玄虚"。

10 年以后，这个谜底终于被解开了。他在他的《自传》中是这么写的："每次比赛之前，我都要乘车把比赛的路线仔细看一遍，并把沿途比较醒目的标志画下来。比如第一个标志是银行；第二个标志是一棵大树；第三个标志是一座红房子……这样一直画到赛程的终点。比赛开始后，我就以跑百米的速度，奋力地向第一个目标冲去，过第一个目标后，我又以同样的速度向第二目标冲去。起初，我并不懂这样的道理，常常把我的目标定在 40 千米外的终点那面旗帜上，结果我跑到十几千米时就疲惫不堪了。我被前面那段遥远的路程给吓倒了。"

大成功是由小目标累积而成的，每一个成功的人都是在达成无数的小目标之后，才实现他们伟大的梦想。不放弃，就一定有成功的机会；如果放弃，就已经失败了。

满怀希望地活着

一个心中没有希望的人，就如同一具行尸走肉，毫无生机可言。我们应该在心中保存一份希望，活在希望中，我们才会在困境中保持斗志，才会活得潇洒。

人要抱着希望才能活得好。希望是指愿意主动实现其生活，让生活更美好，更健康，更有活力。希望不是消极的期待，而是主动的创造。希望即是生命和生活的本身，而不是贪婪。因此抱着希望的人，总是心怀具体的目标和理想，而非虚幻的空想。他们不断孕育新的生活，心智不断成长，因此生命也是蓬勃的发展。如果一个人不存希望，生命也就休止了。

我们来看一个有趣的寓言。

有个富翁，他想拿出 100 万元送给穷人，条件是他们必须都是能够坚持到底的人。他的分配方法是，选 100 个人，给他们每人送 1 万元。广告一登出来，很快就门庭若市，他从成千上万的应征者中选了 100 名，给他们每人 5000 元，并让他们第二年再来取剩下的 5000 元。

第二年只有 90 个人来取钱，因为他们中的 10 个人兴奋过度，心脏病发作住进了医院，那 5000 元做了他们的医药费。他取消了那 10 个人剩下的那笔钱，表示要把那 5 万元平均送给这 90 个人，明年来取。

第三年他宣布，给大家送钱只是开个玩笑，他要收回已经送给他们的钱，一听这话当场就有 40 个人晕了过去，40 个人拿着到手的 5000 元跑了。最后只有 10 个人留了下来，富翁说，现在还有 50 万，平均分给你们 10 个人，每人可得 5 万，明年来取。

第四年只有 5 个人来，没来的 5 个人里，有两个高兴得病倒了，有两个无法忍受等待忧愤而死，有一个认定富翁是个骗子。富翁宣布取消缺席者剩下的钱，把剩下的50万送给最后5个人，每人10万，明年来取。

第五年只有一个人来，没来的4个人里，两个人因极度兴奋心脏病急性发作，死在去医院的路上，另外两个到处宣传富翁是个骗子，他们成了哲学家。最后来的那个人独得了一笔巨款，50万元加上4年的利息5万元，总共55万，他一个人得到的比那99个人加起得到的还多。

富翁的名字叫"希望"。

每个人都会有绝望之时，但不要放弃努力，因为绝望的隔壁往往就是希望。

在一次战争中，一位将军被敌人俘虏了，他被关在一间单人囚室里。那段时间阴雨绵绵，望着迷蒙的天空，他不禁想起远方的亲人，勾起缕缕乡愁。

可是眼下身陷囹圄，一筹莫展，不知敌人将如何处置他，是流放还是处死？他此生还有没有机会见到远在故乡的妻儿？他还能不能重整旗鼓、东山再起？想着想着，他被一股绝望的情绪控制了，与其这样含垢忍辱地活着，还不如在墙上一头撞死痛快。

他拼足所有的力气，一头向牢墙撞去。就在他的头和墙碰撞的那一刹那，奇迹出现了，牢墙被他撞出了一个洞！原来连日来的阴雨把牢墙泡软了，软得经不起他这么一撞。将军用手在这个洞周围使劲地挖，最后把这个洞挖成一个大洞。结果可想而知，通过这个洞，这位绝望的将军顺利逃脱了。

希望偏爱跟绝望为伴。所以，假如绝望光顾了你，不要心存恐惧，不要心存忧虑，还是把它当成你的邻居一样去善待吧。

人生不能无希望，所有的人都是生活在希望当中的。假如真的有人是生活在无望的人生当中，那么他只能是失败者。人很容易遇到些失败或障碍，于是悲观失望，消沉下去，或在严酷的现实面前，失掉活下去的勇气；或恨怨他人，结果落得个唉声叹气、牢骚满腹。其实，身处逆境而不丢掉希望的人，肯定会找一条活路，在内心里也会体会到真正人生的快乐。

仁慈——沐浴在美德之下

保持希望的人生是有力的，失掉希望的人生是苍白无力的。希望是人生的力量。抱有希望活下去，是人才拥有的特权。只有人，才由其自身产生出面向未来的希望之光，才能创造自己的人生。

在人生征途中，最重要的既不是财产，也不是地位，而在自己胸中像火焰一般燃烧起的希望。因为那种毫不计较得失、为了希望而活下去的人，肯定会生出勇气，肯定会激发出巨大的激情，肯定会迸发出洞察现实的睿智之光。与时俱增、终生怀有希望的人，才是具有最高信念的人，才会成为人生的胜利者。

为人处世应互相忍让

古语有云"百忍成金"，孔子曾说"小不忍则乱大谋"，足见忍让对于我们自身来说是多么重要。无论是同事间，还是邻居间，无论是朋友间，还是夫妻间，都需要相互忍让，这是为人处世的一种必备心态。

生活中常见到同事之间、邻里之间、夫妻之间，为了一点芝麻绿豆大的小事，引起争端，以致恶言相向，拳脚交加，甚至诉之法庭，最后两败俱伤。旁观者都会为之惋惜，认为这样做太不值得。

其实，只要当事人冷静下来，理智地对待，有一点宽容精神，再大一点的事也会化干戈为玉帛。"退一步海阔天空，让三分风平浪静"。忍让并非窝囊，而是一种宽容精神，是一种不可缺少的美德；它可以使人与人之间友好相处，和谐发展。有些人之所以缺乏忍让精神，是因为错把忍让当成窝囊，怕久而久之就成了任人随意捏的"软柿子"，因而常得理不让人，无理争三分。

其实，即使有理也要让三分，当忍让时则忍让，以忍让之心对待他人，显示了一个人的思想修养和道德情操。生活中大量的分歧和矛盾，只要宽以待人，团结为重，都可以云淡风轻，心平气和，不但会把矛盾轻易化解，或者还会握手言欢，化敌为友。所谓"吃亏是福，难得糊涂"，如果我们有这样的胸怀，多一份忍让，生活里会多一份明媚，少一些暗淡。

忍让是一种美德。我们提倡相互忍让，并非无原则的迁就。在重大问题上，尤其是关系到立场原则问题，我们不仅不能忍让，而且必须站稳脚跟，不能有半点含糊。

下面我们着重谈谈在家庭生活中的互相忍让。

　　周先生的母亲和他一家三口一起住，但婆媳一直不和。半年前，为一点鸡毛蒜皮的小事，婆媳闹翻了。

　　母亲哭着要喝敌敌畏；他妻子打碎玻璃，叫着要跳楼。他劝母亲，母亲骂他娶了媳妇忘了娘；他求妻子，妻子吵他眼里只有老娘！折腾了大半夜。

　　第二天一早母亲离家出走。他一气之下狠揍了妻子又赶她出门。不久两人也离了婚，孩子判给了妻子。半年来他跑遍了各处找到母亲。一家四口就这样散了，留下的是无尽的凄凉和悲伤。

　　如果当时她们婆媳二人中，只要有一人能忍让一下，向对方说句对不起，道个歉认个错，也许事情的结局不会像现在这么惨。这个真实的故事向我们揭示了一个道理：在家庭生活中鸡毛蒜皮的小事如果处理不好，也会乱了大局。

　　"小不忍则乱大谋"，其后果会使家庭和婚姻破裂。我们每个人都想使自己的家庭和睦安宁。那么我们就要学会使自己具备在家庭生活中善于忍让的美德。

　　我们每个人除了工作和事业外，最重要的就是家庭了。父母健康、夫妻恩爱、子女有出息、婆媳和气，这就是家庭和睦，和睦就是家庭生活幸福的核心。

　　试问，如果家庭不和睦，三天一小吵，五天一大闹，哪还有心思去干事业呢？只有家庭和睦安定，事业才有保证。在家庭生活中，除了触犯刑律犯罪的事情外，其他的事均属小事，生活琐事。所以，当发生纠纷矛盾和口角时就不必太求真，要学会忍让。家庭和睦的经验是：互敬、互爱、互谅、互让、互帮，其中就有互让这一条，可见互相谦让、忍耐、理解是家庭和睦的土壤，它使爱树从土壤中得到营养和水分茁壮成长。善忍则息事宁人，则家和，家和则万事兴。这就是为什么在家庭生活中善于忍让的意义所在。

　　什么是忍？怎样去忍？忍让的出发点就是维护家庭和睦，是为了团结和大局去忍让。

　　忍意味着善解人意、通情达理能容人。遇事多为别人着想，善于体谅他人的难处，助人为乐。能够宽以待人严以律己，必要时为了顾大局，可以做到宁可自己吃亏受委屈而忍辱负重、委曲求全并且做到虚怀若谷。由此可见，善于忍让是一种优秀的美德，是一种贤良的品质，是一种美好的世界观，是智慧和善良的结晶。这绝不是软弱的表现，更不是窝囊的代名词，而是一种凡人的纯洁的风范。

一个家庭的是否和睦，对健康关系很大。家庭不和睦对健康有害，家庭和睦则对健康有利。

"小吵天天有，大吵三六九"，家庭成员心头必然充满忧愁与烦恼。经常吵架，对大脑是一种恶性刺激，会使大脑皮质的兴奋和抑制过程失去平衡，影响正常的生理功能，以至产生烦躁不安、失眠健忘、头晕耳鸣、食欲减退及精神失常等。

过度的悲伤、气愤、惊吓甚至能置人于死地。家庭关系不和睦，还容易诱发高血压、心律失常、冠心病、胆结石、胃和十二指肠溃疡等多种疾病，加快人的衰老。

夫妻吵架，子女也遭殃。对少年儿童的智力调查表明，在经常吵架的家庭气氛中生活的儿童，智力、身体发育普遍受到影响，致使引起孤独、抑郁、行为反常、性格怪僻、食欲不佳、记忆力下降、神经衰弱、学习成绩下降等。

小两口不和睦，在女方怀孕后仍常吵架，还会影响胎儿发育，容易造成胎儿营养不良或孩子出生后易患其他病，以及出现性情粗暴等。

健康的身体有赖于崇高的品德和高尚的精神境界。家庭和睦融洽，对健康和长寿大有益处，每个家庭都应该彼此充满温情和爱意，彼此尊重、理解、信任、亲切、和谐，生活快乐温馨，使家庭中每一成员都感受到幸福、温暖和愉快，处在一个良好的家庭气氛中。

老婆孩子之间哪有什么原则、立场的大是大非问题，都是一家人，非要分出个对和错来，又有什么用呢？

人们在单位、在社会上充当着各种各样的规范化角色，恪尽职守的国家公务员、精明体面的商人，还有广大工人、职员，但一回到家里，脱去西装革履，也就是脱掉了你所扮演的这一角色的"行头"，即社会对这一角色的规矩和种种要求、束缚，还原了你的本来面目，使你尽可能地享受天伦之乐。

假若你在家里还跟在社会上一样认真、一样循规蹈矩，每说一句话、做一件事还要考虑对错、妥否，顾忌影响、后果，掂量再三，那不仅可笑，也太累了。头脑一定要清楚，在家里你就是丈夫、就是妻子。所以，处理家庭琐事要采取"绥靖"政策，安抚为主，大事化小，小事化了，和稀泥，当个笑口常开的和事佬。

具体说来，做丈夫的要宽厚，在钱物方面睁一只眼，闭一只眼，越马马虎虎越得人心，妻子给娘家偏点心眼，是人之常情，你根本就别往心里去计较，那才能显出男子汉宽宏大量的风度。妻子对丈夫的懒惰等种种难以容忍的毛病，也应采取宽容的态度，切忌唠叨起来没完，嫌他这、嫌他那，也不要偶尔丈夫回来晚了或有女士来电话，就给脸色看，鼻子不是鼻子脸不是脸地审个没完。看得越紧，逆反心理越强。索性大撒把，让他潇洒去，看有多大本事，外面的情感世界也自会给他教训，只要你是个自信心强、有性格有魅力的女人，丈夫再花心思也不会与你隔断心肠。就怕你对丈夫太"认真"了，让他感到是戴着枷锁过日子，进而对你产生厌倦，那才真正会发生危机。家里是避风的港湾，应该是温馨和谐的，千万别把它演变成充满火药味的战场，狼烟四起，鸡飞狗跳，关键就看你怎么去把握了。

有这样一个感人的故事：

小雪在身怀六甲时知道丈夫有了外遇，那时她为了不伤胎气，尽量忍着，依旧一副快乐的样子。孩子渐渐地长大了，可她发现丈夫并没有悔改的意思，本来她可以像别的妻子一样和丈夫大吵大闹，但是她已经学会了容忍。尤其看着孩子一天天地长大，她越发不忍心毁掉这个家，她一直没有揭穿丈夫。

一晃几年过去了，孩子也上了小学，为了使孩子不受伤害，小雪决定将自己这些年来的感受向丈夫坦然相告。

在一次出差之后，她给丈夫留了一封长信。告诉他，其实自己早就知道他的隐情。然而作为一个深爱他的妻子，总想把机会留给丈夫，给他一个空间，希望他能够幡然醒悟。小雪说："我至今这么认为，夫妻之间，忍让也是一种爱，不知道你能不能理解一个痴情妻子的良苦用心。"捧读着妻子沾满泪迹的长信，丈夫的心灵被震撼了。当夜，丈夫就给妻子挂去了长途，通话中，七尺男儿居然也泣不成声。

一段婚外情就这样结束了，丈夫又回到了家的怀抱。

忍让也是一种爱。以爱的方式善待对方的缺陷，用包容的胸怀宽恕自己的爱人，给他一个悔悟的机会，留一个自省的空间，于平平淡淡中演绎传奇，在无声无语中融洽恩爱。这样，即使是不传奇的爱情也将变得永恒；再平淡的婚姻，也会依然一如既往令人留恋。

学会感恩

因为活着，所以我们应该感恩。感恩是一种宽容和豁达，是一种伟大的情操。世上的一切都值得我们感恩，只有心怀感恩，我们才会生活得更加美好。

一次，美国前总统罗斯福家失盗，被偷去了许多东西，一位朋友闻讯后，忙写信安慰他，劝他不必太在意。罗斯福给朋友写了一封回信："亲爱的朋友，谢谢你来信安慰我，我现在很平安。感谢上帝：因为第一，贼偷去的是我的东西，而没有伤害我的生命；第二，贼只偷去我部分东西，而不是全部；第三，最值得庆幸的是，做贼的是他，而不是我。"对任何一个人来说，失盗绝对是不幸的事——晦气又恼火，而罗斯福却找出了感恩的3条理由。

在法国一个偏僻的小镇上，有一个据说很灵验的水泉，可以医治百病。有一天，一个少了一条腿，拄着拐杖的退伍军人很吃力地走过镇上的马路，旁边的镇民看到他，不禁说道："可怜的人啊，难道他想祈求上帝再给他一条腿吗?"恰巧这句话让退伍军人听到了，他对镇民说："我并不是想祈求上帝再给我一条腿，而是请他帮助我，告诉我在没有了一条腿的情况下，也知道如何生活。"生活总是现实的。那个军人之所以没有绝望，是因为他知道自己并没有失去一切，他怀有一颗感恩的心。别以为自己是不幸的，其实幸与不幸以不同的方式存在于我们之间。如果在你拥有时认为那是理所应当，那么在你失去之后也应该平静接受。就像那个少了一条腿的退伍军人，忘记过去直面未来，学会感恩。

在现实生活中，我们经常可以见到一些不停埋怨的人，"真不幸，今天的天气怎么这样不好""今天真倒霉，碰见一个乞丐""真惨啊，丢了钱包，自行车又坏了"，"唉，股票又被套了"……这个世界对他们来说，永远没有快乐的事情，高兴的事被抛在了脑后，不顺心的事却总挂在嘴上。每时每刻，他们都有许多不开心的事，把自己搞得很烦躁，把别人搞得很不安。

其实，所抱怨的事并不是什么大不了的事，在日常生活中是经常发生的。对此，明智的人一笑置之，因为有些事情是不可避免的，有些事是无力改变的，有些事情是无法预测的。能补救的则需要尽力去挽回，无法转变的只能坦然面对，最重要的是要做好眼下应该做的事情。

有些人把太多事情视为理所当然，因此心中毫无感恩之念。既然是当然的，何必感恩？一切都是如此，他们应该有权利得到的。其实正是因为有这样的心态，这些人才会过的一点也不快乐。

有些人说："我讨厌我的生活，我讨厌我生活中的一切，我必须做一点改变。"这些人必须改变的是他们不知感恩的态度。如果我们不懂得享受我们已有的，那么，我们很难获得更多，即使我们得到我们想要的，我们到时也不会拥有享受的真正乐趣。

在现实生活中，我们常自认为怎么样才是最好的，但往往会事与愿违，使我们不能平静。我们必须相信：目前我们所拥有的，不论顺境、逆境，都是对我们最好的安排。若能如此，我们才能在顺境中感恩，在逆境中依旧心存喜乐。

其实活着就值得庆幸。

一天，一位乡下汉子在过桥时不慎连人带小四轮拖拉机一头栽进一丈多深的河中。谁知，眨眼工夫，这位汉子像游泳时扎了一个猛子般从水里冒了出来，围观的人将他拉了上来。上岸后那汉子竟没有半丝悲哀，却哈哈大笑起来。

人们惊奇，以为他吓疯了。有人好奇地问他："笑什么？"

"笑什么？"汉子停住笑反问，"我还活着，而且连皮毛都没伤着，难道不值得笑？"

世上再没有比活着更值得庆幸的。明白了这个道理，人生才会充满感恩，才会充满欢乐。

感恩是一种处世哲学，是生活中的大智慧。人生在世，不可能一帆风顺，种种失败、无奈都需要我们勇敢地面对、豁达地处理。这时，是一味地埋怨生活，从此变得消沉、萎靡不振，还是对生活满怀感恩，跌倒了再爬起来？英国作家萨克雷说："生活就是一面镜子，你笑，它也笑；你哭，它也哭。"感恩不纯粹是一种心理安慰，也不是对现实的逃避，更不是阿Q的精神胜利法。感恩，是一种歌唱生活的方式，它来自对生活的爱与希望。如果在我们的心中培植一种感恩的思想，则可以沉淀许多浮躁、不安，消融许多不满与不幸。

学会感恩吧！感恩伤害你的人，因为他磨炼了你的心志；感恩欺骗你的人，因为他增进了你的见识；感恩鞭打你的人，因为他消除了你的业障；感恩遗弃你的人，因为他教导了你应自立；感恩绊倒你的人，因为他强化了你的能力；感恩斥责你的人，因为他助长了你的定慧……感恩所有使你坚定信念和取得成就的人。

第七章
跌倒了再爬起来

人生,有成功的高潮,也有失败的低谷,正如一位哲人所说:人生没有永远的赢,也没有永远的输,而人的抗压能力,往往是在失败中锻造出来的。

对于一个人来说,经历的挫折越多,他往往越坚强、越有韧性。人生就像一只小船在汹涌澎湃的海面上行驶。风浪大,挫折多,每一朵浪花都可能是漩涡,是迂回的迷谷,你是否会成功地驶向彼岸呢?

如果你想成功,就要用奋斗做帆,拼搏做桨,搏击风雨,勇敢前进。

不要放弃每一个机会

不要在消极等待中放弃任何机会，要知道，任何机会都可能成为我们生命的转折点。聪明的人从不等待机会，而是主动地寻找机会、抓住机会、把握机会、利用机会。只有踩在机会的肩膀上，才会取得更高的成就。

正如空气一样，机会无处不在。许多人也都渴望得到先机，似乎只要夺得先机就能万事大吉，事实上这是不可能的。我们需要得到机会才能成功，成功取决于面对机会你是如何把握的。

我曾读过一篇令我感触至深的文章——《一枚硬币》，使我受益匪浅。

此文讲述了一个英国青年，一个犹太青年寻找工作的故事。地上有一枚硬币，犹太青年激动地把它捡起，英国青年却不屑一顾。一家工资低、工作累的公司招人，犹太青年毫不犹豫地留在公司工作，英国青年却看不上而走了。两年后，犹太青年当上了老板，英国青年却还在找工作。

读了此文，我猛然醒悟，现在的我不就像那位英国青年吗？常常因为犹豫或看不上某些东西而放弃了许多原来可以抓住的机会，最终只能让它们白白溜走。每一次抉择时，我总是犹豫不决，想要这又想要那，可是"鱼与熊掌二者不可兼得"，往往使原来可以得到的东西化为乌有。这时，再后悔也没有用了，只能叹息着想：下次一定要抓住机会。可到了下次，我又会故伎重演，又一次让机会与我擦肩而过。

"机不可失，时不再来"这话我是知道的，可用起来就不那么容易了，每每有机会时，我总是决断不下。其实决断只在一念之间，不要再犹像，不要再迟疑，不要像那位英国青年一样让机会白白失去！

现在，当机会出现时，我也将像犹太青年一样牢牢地抓住它，相信自己，不要放弃任何一个机会！

是的，我们每天身边都会围绕着很多的机会，包括爱的机会。可是我们经常像故事里的那个人一样，总是因为害怕而停止了脚步，结果机会就溜走了。有一句格言说得好："幸运之神会光顾世界上的每一个人，但如果她发现这个人并没有准备好要迎接她时，她就会从大门里走进来，然后从窗子里飞出去。"

每天都会有一个机会，每天都会有一个对某个人有用的机会，每天都会有一个前所未有的也绝不再来的机会。而我们要做的，就是发现它、抓住它。

只要我们还活着，我们就可以从现在起去抓住那些机会，可以去创造我们自己的机会。如果自己不去创造机会，那么就很可能被社会埋没了。所以我们要善于创造和把握机会，机会对每个人都是一样的。

唐代大诗人白居易，在他还没有名扬天下之前，就已经才高八斗，满腹经纶了，但仍旧不被人知。白居易刚到长安时，由于自己没有名气，所以他想给自己创造一个机会，于是便毛遂自荐到当时的社会名流顾况之处。顾况一听，有一个叫白居易的人，顿时讥讽道："长安米贵，要在此地居住下来可不容易！"但当他读完白居易的那首《赋得古原草送别》时，对白居易的评价就大不一样了，一见开头两句："离离原上草，一岁一枯荣。"觉得很有味道，读到"野火烧不尽，春风吹又生"时，拍案叫绝，叹道："有如此之才，白居亦易！"于是，立即召见，并大力地推举了他，使得白居易很快便在京城长安名声大振，站稳了脚跟。可见，机会都是靠自己去创造并抓住的。

可是太多的人终其一生，都在等待一个完美的机会自动送上门，以便他们可以拥有光辉的时刻。直到他们了解到每一个机会都属于那些主动找寻机会的人时，已经什么都晚了。

机会并不是苦苦等待就会降临的。斯迈尔斯说："碰不到机会，就自己来创造机会。"机会之门要靠自己的力量来打开，所以，不要抱怨自己与机会无缘，抱怨自己命运不济，抱怨自己生不逢时，抱怨自己当初走错了一步……如果能把抱怨自己、发牢骚、等机遇的时间都用在提高自己的才能上，到时候机遇自然会来敲你的大门。

英国有个青年，从小在街上卖报，后来在书店和印刷厂当了7年工人，在这段时间里，他读了很多书，从而对科学研究产生了兴趣。后来他听说英国皇家学院要为戴维教授选拔科研助手，便去选拔委员会报名，一位委员听说他是个装订工人，便嘲笑他说："你是不是头脑发热了！"

年轻人又来到戴维教授的大门口，在门前徘徊了很久，终于鼓起勇气敲响了门，教授微笑地说："门没有闩，请进来吧。"

"教授家的大门整天都不闩吗？"年轻人疑惑不解地问。

"干吗要闩上呢？"教授笑着说，"当你把别人闩在门外的时候，也就把自己闩在了屋里。"

教授听了年轻人的述说和要求后，写了一张纸条递给他说："你告诉委员会那帮人，就说戴维老头同意你报名考试。"

经过激烈的选拔考试，这位装订工人出人意料地成了戴维教授的实验室助手。这个年轻人就是后来发明了第一台感应发电机、发明了存储电能的方法、发现电解定律的法拉第。

纪伯伦说："除了黑夜的道路，人们不可能到达黎明。"如果我们把黎明比作机遇，那么法拉第从来就没有抱怨过黑夜的漫长，也没有抱怨过黑夜的寒冷，而是执着地从那黑压压的云堆里去寻觅一丝希望、一线曙光。法拉第的机遇正像他自己所言："努力了九十九分，包括去敲教授大门的那最后一分。"

在瞬息万变的现代社会中，机遇无处不有，无时不在，关键是看你能否把握住它。同样的一个机会，有的人善于抓住，于是一跃而上，踏上了成功的"天桥"；有的人一叶障目，错失了眼前晃动的机缘，结果一生碌碌无为。

在大西北的偏远山沟里，有家兄弟俩去特区打工，哥哥在外不到半年就扛着行李返回家，对他爹说："那儿物价高得怕人，连喝口水都要花钱买，还没有咱山沟沟里好。"弟弟没过多久，寄了封信回来，信上说：

"这儿遍地是黄金，连我们喝的水都可以卖钱。我现在在一家纯净水公司当送水员。"

机遇存在于平凡之中，平凡之中出机遇，只要把希望同脚踏实地的工作联系起来，在平凡的工作中埋头苦干，总会找到成功的机遇。当送水员的弟弟，不管天有多热，雨有多大，都能按时把水送到用户家里，头一年就被评为先进。第二年公司又派他搞推销，他把自己服务辖区里谁家几口人，谁家有啥困难，都记在心里。他主动帮助那些有困难的用户扛煤气罐，打扫卫生，背体弱多病的老人到楼下散步、看医生。他的行为感动了用户，用户们又来帮他推销纯净水。这一年，他的推销成绩又在全公司夺冠，第三年，公司提升他当了销售部经理。

成功学大师拿破仑·希尔说："机遇就在你的脚下，你脚下的岗位就是机遇出现的基地。在萌发机遇的土壤里，每一个青年都有成才的机会。当然，机遇之路即使有千万条，但你脚下的岗位却是必由之路，最佳之路。"这话千真万确，一个人只要热爱脚下的岗位，矢志不渝，成功只是迟早的问题。

世界在改变，事业的成功，常常属于那些敢于抓住时机，大胆冒险，不放弃有利机会的人。

有些人自以为很聪明，对不可预测的因素和风险看得太清楚了，不敢冒一点险，结果聪明反被聪明误，永远只能"糊口"而已。实际上，如果能从风险的转化和准备上进行谋划，则风险并不可怕。但说起来容易，做起来难，冒险的荆棘之路，世界上大多数人却不敢走。他们熙来攘往地拥挤在平平安安的大路上，四平八稳地走着，这路虽然平坦安宁，但距离人生风景线却迂回遥远，他们永远也领略不到奇异的风情和壮美的景致。他们只能在拥挤的人群里争食，闹得薄情寡义也仅仅是为了填饱肚子，穿上裤子，养活孩子。而这，岂不也是一种风险吗？这是一种难以逃避的风险，是自我沉沦的风险，是一种越来越无力改善现状的风险。

有些人就不一样，比如美国的百货业巨子约翰·甘布士，他就是一个敢于冒险善于冒险的勇士。他的经验之谈极其简单："不放弃任何一个哪怕只有万分之一可能的机会。"

那些自以为是的家伙们对此可能不屑一顾，其理由是：第一，希望微小的机会，实现的可能性不大；第二，如果去追求只有万分之一的机会，倒不如买一张奖券碰碰运气；第三，根据以上两点，只有傻瓜才会相信万分之一的机会。

约翰·甘布士不是这样看的，他相信那万分之一的机会，并且善于抓住这种机会，因而能战胜逆境，取得成功。

有一次，约翰·甘布士所在地区经济陷入萧条，不少工厂和商店纷纷倒闭，被迫贱价抛售自己堆积如山的存货，价钱低到 1 美金可以买到 100 双袜子了。那时，约翰·甘布士还是一家织造厂的小技师。他马上把自己积蓄的钱用于收购低价货物，人们见到他这股傻劲，都公然嘲笑他是个蠢材。约翰·甘布士对别人的嘲笑漠然置之，依旧收购各工厂抛售的货物，并租了一个很大的货仓来贮货。

他妻子劝他，不要把这些别人廉价抛售的东西购入，因为他们历年积蓄下来的钱数量有限，而且是准备用作子女未来的教育经费的。如果此举血本无归，那么后果便不堪设想。对于妻子忧心忡忡的劝告，甘布士笑了笑安慰道："三个月以后，我们就可以靠这些廉价货物发大财。"

甘布士的话似乎兑现不了。过了十多天后，那些工厂贱价抛售也找不到买主了，便把所有存货用货车运走烧掉，以此稳定市场上的物价。

太太看到别人已经在焚烧货物，不由得焦急万分，抱怨起甘布士来。对于妻子的抱怨，甘布士一言不发。

终于，为了防止经济形势恶化，美国政府采取了紧急行动，稳定了甘布士所在地的物价，并且大力支持那里的厂商复业。这时，当地因为焚烧的货物过多，存货欠缺，物价一天天飞涨。约翰·甘布士马上把自己库存的大量货物抛售出去，一来赚了一大笔钱，二来使市场物价得以稳定，不致暴涨不断。在他决定抛售货物时，他妻子又劝告他暂时不忙把货物出售，因为物价还在一天一天飞涨。

他平静地说："是抛售的时候了，再拖延一段时间，就会后悔莫及。"

果然，甘布士的存货刚刚售完，物价便跌了下来。他的妻子对他的远见钦佩不已。后来，甘布士用这笔赚来的钱，开设了5家百货商店，业务也十分可观。再后来，甘布士成了全美举足轻重的商业巨子。

他在一封给青年人的公开信中诚恳地说："亲爱的朋友，我认为你们应该重视那万分之一的机会，因为它将给你带来意想不到的成功。有人说，这种做法是傻子行径，比买奖券的希望还渺茫。这种观点是有失偏颇的，因为开奖券是由别人主持，丝毫不由你主观努力；但这种万分之一的机会，却完全靠你自己的主观努力去完成。"

机会偏爱有心人，它只留意那些有准备的头脑，只垂青那些懂得追求它的人，只喜欢有理想的实干家。倘若饱食终日，无所用心，或一处逆境就悲观失望，灰心丧气，那么，机会是不会自动来拜访的。莎士比亚说："聪明的人善于抓住机遇，更聪明的人善于创造机遇。"无论是过去、现在还是将来，最有希望的成功者，并不是天才出众的人，而是那些既善于抓住机遇又善于创造机遇的人。

失败是人生的考验

与充满鲜花和掌声的成功相比，失败和挫折总是残酷和令人难以接受的，然而，逆境却比顺境更能锻炼人。一个人若不经历失败和挫折就很难有健全的性格，甚至不可能会取得成功，所以，当我们身处逆境时，应该勇敢地接受考验。

如果你成功了，你要由衷感谢的不是顺境，而是绝境。

逆境不仅是一种距离，一个门槛，一次洗礼，也是一次辗转，一次醒悟，一次升华。逆境中，你往往会突破骨髓与血液中的樊篱，超越世俗，书写你自己都不曾想过的神话。所以，逆境才是资本。多一次失败，就多一份成熟，多一次机会。

有人可能认为，失败是一种严重的浪费。是的，当我们听任失败的情绪积聚在心中，干扰和腐蚀我们的生活时，那的确是有所损失的。可是，既然农夫能用残枝败叶来滋养新作物，我们又为何不能把失败当成天然的肥料，来培养我们成功的种子呢？

你有过沮丧消沉的时候吗？你经历过严重的挫折和失败吗？你是否抱怨过自己的无能？你是否觉得自己付出的太多，而得到的太少？

然而，不管你曾经历过多少挫折，你都不应放弃希望。把失败看成是一个必然的过程和现象吧，把它看成是你生命的一部分吧，它能磨砺你的性格，丰富你的人生，并最终给你带来成功的喜悦。没有苦，就无所谓乐；没有失败，又怎么能有成功呢？

著名作家萧伯纳曾说："成功是经过许多次的大错之后才得到的。"只要我们能从失败中获得有益的经验，就能避免重蹈覆辙，就会离成功又近一步。

仁慈——沐浴在美德之下

"吃一堑，长一智"。聪明的人懂得从错误和失败中学习对自己有用的东西，并能很快走出失败的阴影，继续向目标进发。而另一些人则总是不断回想自己的失败，甚至将自己曾有过的成功也一概加以否定。就这样，当别人早都忘了他们的失败的时候，他们仍不肯原谅自己！对那些聪明的人来说，失败不过是另一个开始；而对那些愚蠢的人来说，失败将是永远的终结。

成功学大师拿破仑·希尔认为，一个人曾犯过多少过错并不重要，重要的是能不能从每一次失败中吸取教训。此外，他还为我们指出了5种化失败为动力的方向。

1. 客观而诚恳地审视周围的环境。不要将自己的失败归咎于别人，而是应多从自己的身上寻找问题之所在；

2. 认真分析失败的过程和原因。重新拟订自己的计划，并采取必要的措施，改正以前的错误；

3. 在重新尝试以前，要有足够的信心，你可先想象一下自己圆满地处理工作或妥善地应付客户的情景；

4. 把那些失败的记忆统统埋藏，千万别让自己的自信心再受到它的影响。记住，它们已经变成了你未来成功的肥料；

5. 做好上面的这些准备后，你就可以重新出发了。

在这个过程中，你可能要多次使用这种方法，才能最终达到你的目标。我们不必为之气馁，因为每一次尝试都可以让你多一次收获，并向目标靠进一步。

但是，接受批评往往是人们并不愿意做的事，我们害怕犯错误。因为还在小时候，长辈们就告诉我们，犯错误是件不好的事，错误让我们失去亲友的疼爱和优待。作为一个理智的人，是不应该让自己的行动受到这种情绪左右的。

当我们受到批评的时候，我们应当把精力放在制订一项明确的计划上，重新开始行动，而不必感到失望、不平和愤怒。你可以找相关的人跟你一起研究计划，以期共同努力，解决问题。

不过，在有些时候，我们往往过于自责。我们会对别人说："都是我不好，全是我的错！"要是真是我们的错，那么自责也是无可厚非的，但要是为那些本不是我们的过错而自责，那就可能给我们带来更大的危险。喜欢自责的人往往会认为自己就是笨蛋，或者十足的失败者，甚至因此根本不愿再次尝试。更为令人奇怪的是，很多人往往安于失败，而不肯静下心来好好想一想，分析失败的原因，为下一次的成功做准备。

另外，这些不愿从错误中学习的人，往往会想方设法掩饰错误。这个坏习惯会贻误工作，甚至威胁到他的人际关系以及他的事业。要是你真有责任心，那就应该勇于认错，并从错误中学习到更多的东西。

所以，身处逆境时可能发生的唯一危险就是：不恰当地归罪于自我。对单个的人来说，外在的环境太过于强大，这是我们多半不能改变的，但是我们可以改变自己对待人生的态度。你可以对自己说："明天的情形或许和今天还是一样，但是明天的我绝不会是这个样子。"只要我们改变自己的态度，我们就可能改变整个局势。

不管出了什么差错，我们都不能惊慌，也不要轻言放弃。我们的当务之急就是研究自己的问题，不能仅仅限于关注问题本身，而应细心地研究下一步究竟应当怎么做。只要我们有信心，就会有希望，我们就可以证明自己并不是一个失败者。

艰苦的日子总有结束的时候。只有心中充满希望，并能持续为生活而努力的人，才能享有新生命。

"天啊，我怎么这么倒霉，我该怎么办呢？"这是懦弱者最常有的心态。的确，每个人都不希望厄运降临，希望自己顺顺利利地完成自己想做的事，但在现实生活中，这无疑是天方夜谭。遇上倒霉的情况，你应该这么想：每个人都会遭遇厄运，但对成功者而言，厄运并不能置人于死地，反而是命运的开始，命运的起点！

约翰原本是一个年轻又健康的人，但是一次意外事故却使他从颈部以下全部麻痹，形同废人。虽然如此，约翰仍然决定活下去，虽然痛苦不曾减轻，可是他活得比谁都坚强。他说："我之所以决心生存下来，是因为有3个老师支持着我，这3个老师是期盼、献身、坚定。我想活下去，想治好病，想知道自己究竟可以做什么事，我让这3个老师经常在我心中，我为此而奋斗，并相信有一天我可以得到胜利，所以永不灰心。"

约翰经受着痛苦，然而他心中没有仇恨，没有恼怒，只有爱。他认为如果埋怨命运或憎恨别人，对自己并没有好处，相反地，应该爱护他人。虽然他的身体受到伤害，但是他的心理却很正常。

约翰一直这样告诉自己，受伤是不可避免的。他又这么想，这次的事故是自己一生的转折点，他应该下定决心努力。这种想法是既健康又正确的，所以约翰总是这么勉励自己。其实他认为自己并不是受害者，自己只是很自然地接受这个安排而已。

当约翰坐着电动轮椅进入超级市场或过马路时，轮椅不断发出声音，引起许多小朋友的注意，他们有的在笑，有的一脸迷惑，也有的说"蛮不错嘛"！像是很羡慕的样子。遇到这种情形，约翰会做各种鬼脸逗孩子们发笑。另外他还经营着一个专门为附近社区居民介绍婴儿保姆的公司。甚至，他还在一个公益协会里，做一项名为新希望电话咨询中心的服务，他对人生充满新希望，并且非常愿意帮助那些失意的人找到希望。

约翰胜利了，因为他能勇敢地活下去。他曾说过："艰苦的日子总有结束的时候。心中充满希望，并能继续为生活而努力的人，才能享有新生命。"他不但明白了这个道理，而且成为一个努力将厄运视为命运转机的人。

遭遇困境要经得起摔打，没有挫折，你所得到的成功也是不堪一击的。厄运往往是命运的起点，压力是给强者的推动力。要做到这一点，要用良好的心态应对一切，完善个性，平时做到乐观、进取、开朗，多发展积极的心态，如自信、希望、诚实、爱心等，多避免消极的心态，如悲观、失望、自卑、虚伪、欺骗等。

有一位饱受生活折磨的作家这样说，命运是一条河，左岸是幸运，右岸是厄运，我始终走在命运的左岸，而他的经历却比任何人都更多波折：3岁丧父、10岁辍学、做过民工、遭遇过车祸……

在这个世界上，有这样一种人，在他们心灵的天空中，痛苦和磨难已经被大风吹尽，而曾经的恩泽和爱，就像星星一样在记忆中熠熠生辉。

他们乐观昂扬，从不抱怨，即使只看到一线曙光，也仍然怀着对光明的无限憧憬。

英国作家培根说过："一切幸运并非没有烦恼，一切厄运也并非没有希望，最美的刺绣是以明丽的花朵映衬于暗淡的背景，而并非暗淡的背景映衬于明丽的花朵。"所以，如果无法改变厄运对我们的磨难，那么就勇敢地接受它吧！

魔力悄悄话

遭遇挫折未必不是好事。幸福和快乐往往是相对痛苦而言的。只要我们冷静地看待挫折，经受住挫折对我们的考验，善于从挫折的迷雾中找出成功的台阶，那我们就会拥有幸福，就会走向成功。

想要得到　先要付出

很多人都渴望得到，但他们又害怕付出，不想付出。世上没有不付出就能得到的东西——除了失败。一分耕耘，才能有一分收获。想要收获果实，就要先播种。我们只有脚踏实地地付出努力，才能改变命运，才能过上幸福美满的生活。

从前，一个懒汉每天都在地里劳作。

有一天，他突然想："与其每天辛苦工作，不如向神灵祈祷，请他赐给我财富，供我今生享受。"

他深为自己的想法得意，于是把弟弟喊来，把家业委托给他，又吩咐他到田里耕作谋生，别让家人饿肚子。——交代之后，他觉得自己没有后顾之忧了，就独自来到天神庙，为天神摆设大斋，供养香花，不分昼夜地膜拜，毕恭毕敬地祈祷："神啊！请您赐给我现世的安稳和利益吧，让我财源滚滚吧！"

天神听见这个懒汉的愿望，内心暗自思忖："这个懒惰的家伙，自己不工作，却想谋求巨大财富。倘若他在前世曾做布施，累积功德，那么，方便给他些利益也未尝不可。可是，查看他的前世行为，根本没有行善的功德，也没有半点因缘，现在却拼命向我求利。不管他怎样苦苦要求，也是没有用的。但是，若不给他些利益，他一定会怨恨我。不妨用些方便，让他死了这条心吧。"

于是，天神就化作他的弟弟，也来到天神庙，跟他一样祈祷求福。

哥哥看见了，不禁问他："你来这儿干吗？我吩咐你去播种，你播了吗？"

弟弟说："我也跟你一样，来向天神求财求宝，天神一定会让我衣食无忧的。纵使我不努力播种，我想天神也会让麦子在田里自然生长，满足我的愿望。"

哥哥一听弟弟的祈愿，立即骂道："你这个混账东西，不在田里播种，想等着收获，实在是异想天开。"

弟弟听见哥哥骂他，却故意问："你说什么？再说一遍听听。""我就再说给你听，不播种，哪能得到果实呢！你不妨仔细想想看，你太傻了!"

这时天神才现出原形，对哥哥说："诚如你自己所说，不播种就没有果实。想要得到，你必须先要付出!"

秋天，农夫在地里收获，他已经拔光了地里的萝卜仍然不甘心，还在不停挖土。这时，把一切都看在眼里的宙斯在空中说话了："种瓜得瓜，种豆得豆。你种下的是萝卜，难道还指望收获黄金吗？"

付出与收获总是成正比的，一分付出，一分收获。没有从天而降的幸福，也没有不劳而获的收获。

但有人认为，很多人都得到了很多，但是却付出的很少。

一个电影明星，他拍的电视很吸引观众，他也得到了观众的鼓掌和拥戴。这个电影明星似乎也没有付出什么，可试问，如果他没有努力地排练，没有流汗，他又怎么会拍出一部好电影呢？退一步讲，他将失去普通百姓的安详生活，这其实也是一种付出。

一个棋手要与他的对手一起参加一场围棋比赛。赛前，这个棋手十分努力地向前辈学习，希望可以得到一个好成绩。当别人在休息的时候，他在努力；当别人在娱乐的时候，他在努力；当别人在谈笑的时候，他还是在努力。这样，他便失去了许多，付出了许多，然而结果呢？他便有把握获得胜利。即使他没有获得胜利，那么他也得到了——起码他的棋艺大有长进。

所以说，每当你为你付出了许多，却好像没有得到任何东西而苦恼的时候，你其实已经得到了许多；每当你为你得到了许多，却好像没有付出任何东西而高兴的时候，你其实也已经付出了许多!

有一个人每天都在河边钓鱼，但从来都没有钓到一条鱼。

一天，一个过路人问他：你在钓鱼吗？

他说：是的。

路人问：你的鱼钩上为什么没有饵料呢？没有饵料，怎么会有鱼愿意上钩呢？

钓鱼的人说：我怕鱼把饵料吃了跑掉，那样的话我的饵料就白白付出了。

路人说：既然你想得到，你就必须有所付出。

钓鱼的人说：只要鱼先上钩，我愿意给它付出两倍的饵料。

路人说：你要首先付出你的饵料，先给鱼上钩的理由。否则，无论你等多久，也不会钓上一条鱼。

钓鱼的人说：为什么是我必须首先付出呢？如果我付出后什么也没有得到怎么办？你能保证我付出后就一定能得到吗？

路人说：付出不一定得到，但不付出一定是什么也得不到。

如果你什么也没有得到，要么是因为你没有付出，要么是因为你的付出还不够。得到最多的人，总是那种愿意首先付出的人。首先付出，才能首先得到。

对金钱要有清醒的认识

金钱并不是万恶之源，只有爱财才是万恶之源——过分地、自私地、贪婪地爱钱。金钱要靠自己通过正当的手段获取，这样赚的钱才花得心安。钱多了，除了要满足自己的花费外，还要与社会与别人分享，这才是正确的用钱之道。

金钱好吗？许多人常说："金钱是万恶之源。"但是《圣经》上说："爱财是万恶之源。"这两句话虽然只有一点差异，却有很大的区别。

美国作家希克斯在其所著《职业外创收术》中指出，金钱可以使人们在 12 个方面生活得更美好：1. 物质财富；2. 娱乐；3. 教育；4. 旅游；5. 医疗；6. 退休后的经济保障；7. 朋友；8. 更强的信心；9. 更充分地享受生活；10. 更自由地表达自我；11. 激发你取得更大成就；12. 提供从事公益事业的机会。

事实上，人类社会发展的历史证明：金钱对任何社会、任何人都是重要的；金钱是有益的，它使人们能够从事许多有意义的活动；个人在创造财富的同时，也在对他人和社会做着贡献。

随着现代社会的不断发展，人们对生活水平的要求不断提高。现实生活中，我们每个人都承认，金钱不是万能的，但没有金钱却又是万万不行的。我们每个人都需要拥有一定的财产：宽敞的房屋、时髦的家具、现代化的电器、流行的服装、小轿车等等，而这些都需要用钱去购买。人们的消费是永无止境的，当你拥有了自己朝思暮想的东西之后，你会渴望得到新的更好的东西。

在现代社会中，金钱的作用是别的东西无法替代的。

有金钱可以多做善事。有金钱可以做坏事，也可以做好事，关键在于用之有道。金钱除了满足基本生活花费外，还可用于慈善事业。亨利·福特、威廉·里格莱、约翰·洛克菲勒、托马斯·阿尔瓦·爱迪生、爱德华·菲伦、朱利法斯·罗森瓦尔德、爱德华·包克、安德鲁·卡耐基这些人建立了一些基金会，直到今天，这些基金会还有总计10亿美元以上的基金，专用于慈善、宗教和教育。这些基金会为上述事业捐助的金额每年超过了12亿美元。

金钱能使人更自信。再没有比腰包鼓鼓更能使人放心的了，或者银行里有存款，或者保险柜里存放着热门股票，无论那些对富人持批评态度的人怎样辩解，金钱的确能增强凭正当手段来赚钱的人的自信心。想想吧，你只要钱包里有一张支票，或几沓美钞，你就可以周游世界，买任何钱能买到的东西。实际生活中的许多事情告诉我们，随着一个人财富的增长，他的自信心也随之增强，所谓"财大气粗"就是这个道理。成功学大师拿破仑·希尔说："钱，好比人的第六感官，缺少了它，就不能充分调动其他的五个感官。"这句话形象地道出了金钱对于消除贫穷感的作用。

金钱使你更充分地表现自我。拿破仑·希尔指出，口袋里有钱，银行里有存款，会使你更轻松自在，你不必为别人怎么看你而过多忧虑。如果有人不喜欢你，没关系，你可以找到新的朋友。你不必为几百块钱的开销而操心，你可以潇洒地逛商品市场，自由地出入大酒店。

常常感到拮据的人往往怕掌握他收入的人，有家的男人怕被解雇，当他为自己的某种嗜好花了好几块钱时，会有一种犯罪感。因为这笔钱对他的家人来说可以买到其他必不可少的东西，因缺钱而产生的压力阻止做他自己想做的事，他的欲望受到压抑，他被缚住了手脚。如果你渴望自由，如果你渴望表现自我，就把它们作为赚钱的动力吧，这种动力也是一种强有力的刺激源。

我们都应该努力赚钱，但前提是获得金钱的手段要光明，不可贪小便宜毁了自己。真正能做事业的人是懂得与他人分享财富的人。对待金钱的态度直接影响着一个人的心境，一个人的心境直接会影响他的工作。

大多数人，不管钱多钱少，每天都是面对着它所带来的压力。的确，贫穷不会为个人和社会带来任何好处，金钱对社会对任何人都很重要。当我们手头不足时，情绪就会大受影响；口袋里有钱，银行里有存款则令人更加自信和轻松。随着社会整体经济水平的发展，人们对生活水平的要求也不断提高。我们每个人都需要拥有一定的财产，以满足自己的生活需要。

金钱使人们能够从事许多有意义的活动，对财富的向往曾经带动了世界经济的发达。从这个角度讲，金钱是有益的。努力为公司、为自己赚钱，尽自己最大能力为社会创造价值，这是每个人的职责所在。

金钱又是一柄双刃剑，它有极强的诱惑力。它可以用来干好事，也可能滋生罪恶。有人说，金钱是"万恶之源"，会带来贪婪、欺骗，会蒙蔽人的眼睛，甚至使兄弟反目、朋友成仇。

的确，金钱会带来灾祸，但这并不是绝对的。金钱本身没有善恶对错之分，关键看人们如何对待它。只有当金钱诱使人们游手好闲、贪图享受时，它才是一种不良之物。

要有赚钱的意识，但不贪财，这才是应有之道。

努力赚钱的前提是获得金钱的手段要光明，不可贪小便宜毁了自己。有些人在金钱的诱惑下，忘掉了自己的职业操守和人格。在市场经济体制还不够成熟的条件下，坑蒙拐骗可能获得一时的暴利，但伴随着暴利的是失去纯洁的上进心，失去别人的信任，甚至于面临法律的制裁。随着市场经济体制的完善、社会信用体系的健全，一个人如果为追求金钱，不惜以身试法，只会毁掉自己的一生。求仁得仁，求"钱"却未必能得"钱"。一心为钱，难免利欲熏心，禁不住诱惑而犯罪。事实上，坚持职业操守和人格，勤奋工作，做好该做的事，理想的收入定会随之而来。

真正能做事业的人是懂得分享财富的人，若存独占之心最终会使你失去伙伴和朋友，失去支持，失去事业，失去一切。

有一家公司雇用了一位很有水准的员工。这位员工能力十分强，做事也很负责，交给他的任务都完成得非常出色。很快他就得到了公司领导的重视，尤其董事长对他非常信任。有一次，他所设计的商品，推向市场没多久，就受到大众的欢迎，为公司赚了一大笔钱。可是，赚了钱的董事长却没有将红利分给这位员工。不久，这位员工就被另一家同行公司"挖"走了。由于失去了这位非常有能力的员工，公司也失去了很多赚钱的机会。由此可见，这位董事长是位典型的具有独占利益观念的人。也许他也意识到这样做不好，可是没能克服自己的贪财之心。真是让人遗憾，因为他既有能力又有经验，还能够知人善任，只是他独占钱财的习惯牢牢地限制了他事业的发展。

有些人，刚开始创业时也许有这样的想法："等赚了钱，我一定要好好回报对我有帮助的人。""要是赚了钱，我一定把其中几分之几拿出来，分给一起辛苦工作的人。"可是一旦钱赚到手，他的想法就完全变了，或者仅仅舍得拿出少之又少的一部分来"犒劳"大家。通常一个贪心的人，即使短时间内可以获得金钱，最终结局一定是众叛亲离、一无所获。

活在当下

许多人常常站在今天去怀念昨天和想象明天,而昨天越来越多,明天却越来越少,实际上,我们能把握住的只有今天。所以,只有认真地活在当下,把握好现在,让每一个今天过得有意义,我们才会拥有美好的明天,我们才不枉此生。

今天,是一个时间概念,即现在,即说话、做事时的这一天。当然,它也作时间的一个阶段,即当前、当下,跟"古"是相对应的。

今天是短暂的,它只有 24 小时,或只有 1440 分钟,或只有 86 400 秒。这当中,除了睡眠和吃饭,所剩下从事学习和工作的时间只是一个常数,你浪费一分钟,它就少一分钟;浪费一秒钟,它就少一秒钟。

我们来看一个故事:

北欧一座教堂里,有一尊耶稣被钉十字架的受难像,大小和一般人差不多。因为有求必应,因此专程前来到这里祈祷、膜拜的人特别多,几乎可以用门庭若市来形容。教堂里有位看门的人,看十字架上的耶稣每天要应付这么多人的要求,觉得于心不忍,他希望能分担耶稣的辛苦。

有一天他祈祷时,向耶稣表明这份心愿。意外地,他听到一个声音,说:"好啊!我下来为你看门,你上来钉在十字架上。但是,不论你看到什么、听到什么,都不可以说一句话。"这位先生觉得,这个要求简单。于是耶稣下来,看门的先生上去,像耶稣被钉十字架般地伸张双臂,受难像本来就和真人差不多,所以来膜拜的群众没有怀疑他。这位先生也依照先前的约定,静默不语,聆听信友的心声。

来往的人络绎不绝,他们的祈求,有合理的,有不合理的,千奇百怪不一而足。但无论如何,他都强忍下来而没有说话,因为他必须信守先前的承诺。

有一天来了一位富商，当富商祈祷完后，竟然忘记手边的钱便离去了。他看在眼里，真想叫这位富商回来，但是，他憋着不能说。接着来了一位三餐不继的穷人，他祈祷耶稣能帮助它渡过生活的难关。当要离去时，发现先前那位富商留下的袋子，打开，里面全是钱。穷人高兴得不得了，耶稣真好，有求必应，万分感谢地离去了。十字架上伪装的"耶稣"看在眼里，想告诉他，这不是你的。但是，约定在先，他仍然憋着不能说。

接下来有一位要出海远行的年轻人来到，他是来祈求耶稣降福他平安。正当要离去时，富商冲进来，抓住年轻人的衣襟，要年轻人还钱，年轻人不明就里，两人吵了起来。这个时候，十字架上伪装的耶稣终于忍不住，遂开口说话了。既然事情清楚了，富商便去找冒牌耶稣所形容的穷人，而年轻人则匆匆离去，生怕搭不上船。

伪装成看门人的耶稣出现，指着十字架上说："你下来吧！那个位置你没有资格了。"

看门人说："我把真相说出来，主持公道，难道不对吗？"

耶稣说："你懂得什么？那位富商并不缺钱，他那袋钱不过是用来嫖娼的，可是对那穷人，却是可以挽回一家大小生计；最可怜的是那位年轻人，如果富商一直纠缠下去，延误了他出海的时间，他还能保住一条命，而现在，他所搭乘的船正沉入海中。"

这是一个听起来像笑话的故事，却透露出：在现实生活中，我们常自认为怎么样才是最好的，但事与愿违，使我们意不能干。我们必须相信：目前我们所拥有的，不论顺境、逆境，都是上天对我们最好的安排。若能如此，我们才能在顺境中感恩，在逆境中依旧心存喜乐。

只有明白了这些，我们才会更加珍惜时日，不使每一个今天白白流过，当然也就不会给明天留下什么遗憾。

把握住今天，既要解决自己的思想态度问题，又要有妥善的安排。把握住今天，不论一个人年龄大小、从事工作的繁简，也不论是在顺境还是在逆境中，都要把它作为一个重要的原则来坚持，偷懒和懈怠都是要不得的。

有个小和尚，每天早上负责清扫寺院里的落叶。

清晨起床扫落叶实在是一件苦差事，尤其在秋冬之际，每一次起风时，树叶总随风飘落，每天早上都需要花费许多时间才能清扫完树叶，这让小和尚头痛不已。他一直想要找个好办法让自己轻松些。

后来有个和尚跟他说："你在明天打扫之前先用力摇树，把落叶统统摇下来，后天就可以不用扫落叶了。"小和尚觉得这是个好办法，于是隔天他起了个大早，使劲地摇树，这样他就可以把今天和明天的落叶一次扫干净了。这一整天小和尚都非常开心。

第二天，小和尚到院子里一看，他又傻眼了。如往日一样，院子里依旧是满地落叶。

这时，老和尚走了过来，对他说："傻孩子，无论你今天怎么用力，明天的落叶还是会飘下来的。"

小和尚终于明白了，世上有很多事是无法提前的，唯有认真地活在当下，才是最真实的人生态度。

库里希坡斯曾说："过去与未来并不是'存在'的东西，而是'存在过'和'可能存在'的东西。唯一'存在'的是现在。"

一天早餐后，有人请佛陀指点。佛陀邀他进入内室，耐心聆听此人滔滔不绝地谈论自己存疑的各种问题达数分钟之久。最后，佛陀举手，此人立即住口，想知道佛陀要指点他什么。

"你吃早餐了吗？"佛陀问道。

这人点点头。

"你洗早餐的碗了吗？"佛陀再问。

这人又点点头，接着张口欲言。

佛陀在这人说话之前说道："你有没有把碗晾干？"

"有的，有的，"此人不耐烦地回答，"现在你可以为我解惑了吗？"

"你已经有了答案。"佛陀回答，接着把他请出了门。

几天之后，这人终于明白了佛陀点拨的道理。佛陀是提醒他要把重点放在眼前——必须全神贯注于当下，因为这才是真正的要点。

活在当下是一种全身心地投入人生的生活方式。活在当下，如果没有过去拖你的后腿，也没有未来拉着你往前时，你全部的能量都集中在这一时刻，生命就会具有一种强烈的张力。

活在当下是使生活丰富的唯一方式。充实的感觉和对物质财富拥有的多少关系不大，它往往和你生活的方式、生活的品质、生命的喜乐、生命的特性有关。而所有这些东西只有通过静心才可能感受到其中的深意。

当下是一个让你深深地潜入生命水中，或是高高地飞上生命天空的机会。生活在当下就像走在一条绳索上，两边都有危险。但是一旦你尝到了当下这个片刻的甜蜜，你就不会去顾虑那些危险；一旦你跟生命保持在同一步调，其他的就无关紧要了。对你而言，生命就是一切。

当生命走向尽头的时候，你问自己一个问题：你对这一生觉得了无遗憾吗？你认为想做的事你都做了吗？你有没有好好笑过、真正快乐过？

一位智者曾对一位老人说："想想看，你这一生是怎么过的：年轻的时候，你拼命想挤进一流的大学；随后，你巴不得赶快毕业找一份好工作；接着，你迫不及待地结婚、生子；然后，你又整天盼望小孩快点长大，好减轻你的负担；后来，小孩长大了，你又恨不得赶快退休；最后，你真的退休了，不过，你也老得几乎连路都走不动了……当你正想停下来好好喘口气的时候，生命也快要结束了。"

其实，大多数人都是这样劳碌一生的。他们时时刻刻为生命担忧，为未来做准备，一心一意计划着以后发生的事，却忘了把眼光放在"现在"，等到时间一分一秒地溜过，才恍然大悟"时不待人"。

活在当下就是要人们把关注的焦点，集中在自己周围的人、事、物上面，全心全意认真去接纳、品尝、投入和体验这一切。别看你平常一直都与它们为伍，但问题是，你总是活得很匆忙，不论是吃饭、走路、睡觉、娱乐，总是没什么耐性，急着想赶赴下一个目标。因为，你觉得还有更伟大的志向正等着你去完成，你不能把多余的时间浪费在现在这些事情上面。大多数的人都无法专注于现在，他们总是若有所想，心不在焉，想着明天、明年甚至下半辈子的事。

有人说"我明年要赚得更多",有人说"我以后要换更大的房子",有人说"我打算找更好的工作"。后来,钱真的赚得更多,房子也换得更大,职位也连升好几级,可是,他们并没有变得更快乐,而且还是觉得不满足:"唉!我应该再多赚一点!职位更高一点,想办法过得更舒适!"

不能活在当下,就算得到再多,也不会觉得快乐,不仅现在觉得不够,以后永远也不会感到满足。存心寻找快乐的人,往往找不到真正的快乐,而让自己活在现在,全神贯注于周围的事物,快乐却会不请自来。假若你时时刻刻都将力气耗费在未来,却对眼前的一切视若无睹,你永远也不会得到快乐。

把握今天、节约时间,就等于延年益寿,就等于提高生活质量,就能更多地成就事业。

或许人生的意义,不过是嗅嗅身旁每一朵美丽的花,享受一路走来的点点滴滴而已。毕竟,昨日已成历史,明日尚不可知,只有"现在"才是上天赐予我们最好的礼物。

第八章
包容的方与圆

　　宽容和忍让是人生的一种豁达，是一个人有涵养的重要表现。没有必要和别人斤斤计较，没有必要和别人争强斗胜，没有必要……请记住：给别人让一条路，就是给自己留一条路。"和为贵，忍为高"。聪明的人懂得退让，因为忍耐能带来幸福。很多时候，两强相遇，狭路相逢，双方如果能够明智地各退一步，那么，大家都有条生路。

包容不是迁就

隋大业十三年（617 年），盘踞在洛阳的王世充与李密对峙。此前，王世充在兴洛仓战役中几乎被李密打得全军覆没，几乎不敢再与他交锋了。

不过，王世充很快重整旗鼓，准备与李密再决胜负。现在还有一个问题令他发愁，那就是粮食。洛阳外围的粮仓都已被李密控制，城内的粮食供应一直显得非常紧张。他的部队也不例外，因为常常填不饱肚子，每天都有人偷偷跑到李密那边去。王世充很清楚，如果粮食问题不能得到及时的解决，他想留住士兵们的一切努力终归是徒劳，更甭提什么战胜李密。

在既无实力夺粮，又不可能从对手那里借粮的情况下，王世充想到了一个好主意：用李密目前最紧缺的东西去换取他的粮食。

王世充派人过去实地了解，回报说李密的士兵大为衣服单薄而头痛。这就好办了！王世充欣喜若狂，当即向李密提出以衣易粮。李密起初不肯，无奈邴元真等人各求私利，老是在他耳边聒噪，说什么衣服太少会严重影响军心的安定，等等，李密不得已，只好答应下来。

王世充换来了粮食，部队的局面得到了根本的改观，士气进一步大振，尤其士兵叛逃李密的现象日益减少。李密也很快察觉了这一问题，连忙下令停止交易，但为时已晚，李密无形中已替王世充养了一支精兵，也就是为他自己的前景徒然增添了许多难以预想的麻烦。

后来，恢复生机的王世充大败李密。这时，李密才后悔莫及，当初没有痛打落水狗才让自己遭此失败。

崇祯十一年（1638 年），农民军遇上了劲敌，那就是作战英勇的左良玉。张献忠冒充官军的旗号奔袭南阳，被明总兵左良玉识破，计谋失败，张献忠负伤退往湖北谷城；李自成、罗汝才、马守应、惠登相等几支农民军也相继失利，且分散于湖广、河南、江北一带，各自为战，互不配合。张献忠在谷城，处于官军包围之中，势单力孤，加上经过十余年的战争，粮饷很难筹集，处境十分恶劣。

张献忠经过一番思考，决定利用明朝高叫"招抚"的机会，将计就计。崇祯十一年春，张献忠得知陈洪范附属在熊文灿手下当总兵，大喜过望，原来陈洪范曾救过张献忠一命，而熊文灿的拿手戏则是以"抚"代"剿"。于是，他马上派人携重金去拜见陈洪范，说："献忠蒙您的大恩，才得以活命，您不会忘记吧！我愿率部下归降来报效救命之恩。"陈洪范甚是惊喜，上报熊文灿，接受了张献忠。

此后，张献忠虽然名义上受"抚"，实际上仍然保持独立。经过一段时间休养生息之后，张献忠又于次年五月在谷城重举义旗，打得明朝官军措手不及。

李密在形势有利的情况下输给了王世充，从此一蹶不振；熊文灿过于轻信张献忠，把到手的胜利给丢掉了，究其原因都是没有拿出"痛打落水狗"的精神来，心慈手软，给对手以喘息之机。这对后人来说，实在是深刻的历史教训，应以此为鉴。

魔力悄悄话

"痛打落水狗"可以理解为把事情做彻底，不留隐患。对坏人要看清其本质，不姑息迁就，但不能乘人之危、落井下石。

有自己的原则

过去十多年了，约克还是忘不了 1995 年的圣诞夜。那天晚上，约克刚参加了大学同学组织的圣诞晚会。晚会结束时，将近凌晨了，在这种时候，谁不想早点儿到家呢？约克走得飞快，只差跑起来了。

刚走到路口，红绿灯就变了。对着约克的行人灯转成了"止步"：灯里那个小小的影儿从绿色的、大步走路的形象变成了红色的、双臂悬垂的立正形象。

这个时候，约克看没什么车辆，就毫不犹豫地驶过马路……

"站住！"身后传来一个苍老的声音，打破了沉寂的黑暗。约克的心突然一惊，原来是一对老夫妻。

约克转过身，惭愧地望着那对老人。

老先生说："现在是红灯，不能走，要等绿灯亮了才能走。"约克的脸热了起来。他喃喃地说："对不起，我看现在没车……"

老先生说："交通规则就是原则，不是看有没有车。任何情况下，任何人都必须遵守原则！"从那一刻起，约克再也没有闯过红灯，他也一直记着老先生的话："任何情况下，任何人都必须遵守原则！"

生活中，原则与规则一样重要，没有任何人在任何情况下可以破坏它，否则就将受到惩罚。

作为交通规则，它的重要性越来越被人们关注。平时，老师在课堂上会给我们讲，父母在家里会给我们说，上学、放学的路上他们会一遍遍地叮嘱我们：过马路的时候一定要走人行横道，红灯亮时我们要停住脚步，黄灯亮时我们要耐心等待，绿灯亮时我们才可以走，等等，如果不遵守这些规则，就会遇到各种危险。

仁慈——沐浴在美德之下

　　说起做人的原则就跟交通规则一样重要，一个没有原则的人就像一艘没有舵没有航线的船，漫无目的地漂浮在海上，它会随着风向的变化而随时改变自己的方向，没有一个自己的方向，这样的人往往最容易丢失自己。

　　我们做人、做事都在遵循一定的原则。如果一个人没有原则，他就会很快变成另外一个人，丢失了原来的自己！

　　一个人没有了做人的原则，也就没有了衡量自己对与错的尺度。如果自己都不知道哪些事该做，哪些事不该做，那么，就很容易走入歧途，甚至犯错。一旦你找到自己做人做事的原则，你就找到了自己的看法，懂得怎样正确处理每一件事情，同时还能养成良好的品质。

把握善良的尺度

善良可以与天真也可以与成熟的超拔联系在一起。小孩子是善良的，真正参透了人生与世事的强大的人也是善良的。成熟的善良不是不会自卫和抗争，只是不滥用这种"正当防卫"的权利。

有时候，拥有善良比拥有真理更重要；有时候，一个人需要的一切只是一双可以相执的手和一颗善解人意的心。

没有人是无敌的，无论他（她）多么优秀多么自负，其实在他（她）坚硬的外壳之下是一颗需要欣赏和爱的心，越优秀这颗心越孤独，因为一般人很难走入，敲开那层外壳的利刃是"善良"＋"智慧"，缺一不可，这种善良，就是无敌的了。一个人成长的最快捷的方式是在他身边有更聪明的人。

善良与凶恶相对的时候，前者固然稚弱，但人们还是欢迎善良，善良不仅对对方有益，更是自己的一种安心的方式。

"有意识的善良"会带来以逸待劳的沉稳，君子坦荡荡、小人长戚戚，说的就是这个。

做人要做善良的人，这是公理。但如果放到具体的场合中去考察，则不可简单行事，而是要把握好善良的分寸。善良是一种良好的心态，而不是盲目地去为别人做多少好事。为了做到与人为善，务必抑制自己过分行善的欲望。

当我们为自己的朋友以不公平的方式谋取了一个位置时，我们可能面对的是永远失去威信以及别人的尊重；当我们因为是熟人，而原谅了对方的错误时，那么，面临的可能后果是所有人都会对你犯错误，而且理由充分地回击你……至此之后的生活，一团乱麻。所以，做人不该因为善良而失去原则性，公私分明、客观公正、通情达理才是该做的。

珠海格力电器股份有限公司总裁董明珠就是一个为了原则可以"六亲不认"的人。

1994年底，董明珠在企业危难之际，受命出任格力经营部部长。不久，她就做出了一个超越常理的决定：去找洪总经理要财权。客户究竟在公司账上有没有钱、有多少钱，只有财务部才清楚。一些客户打了货款到格力却拿不到货，而一些客户没交钱却拿到了货。

有时经营部要发货了，开票员问这人有没有打钱过来，财务那边总是说："我们也不清楚，要查账才知道。"这样，无论经营部如何负责，只要财务部不配合，都是事倍功半，难以使经营部的工作正常运转。长此下去，只怕又要重蹈格力以前的管理现状，职责不清，工作混乱。这是董明珠绝对难以容忍的。

洪总经理经过考虑，划出财务部的一部分归董明珠管。机会来之不易，董明珠慎重对待，她和有关同事一起建立了一套循环监督机制：计划受财务监督；财务受开票员监督；开票员受电脑统管监督；电脑统管受计划监督。

制度建立之后，关键就看能不能真正执行了。很多企业都有非常完善的规章制度，但就是在执行的过程中不能坚守原则，太会变通，以至于虽然很多企业都确立了一个清晰的愿景，但却总是事与愿违，无法实现。而大家都知道董明珠是一个坚守原则的人，所以当她强调"任何人不得有任何理由破坏以上机制"的时候，了解她的人都明白，谁敢破坏这个制度，谁就要倒霉了。

很快，一个合理的网络便形成了：财务说钱到才能发货，发货后开票员记账，开票单再输入电脑。这样，财务往来多少钱都可以清清楚楚地反映在账上，每天都可以从账上看到有多少钱，发了多少货。这样一来，董明珠随时都可以掌握格力的销售情况，任何业务员、经销商都不能再像以前一样钻空子了。

在这个过程中，董明珠要求：经营部无论多晚都要当天清账，绝不能让当天的账过夜。

一段时间以后，经营部的同事们就养成了习惯，当天的工作没完成，不管多晚都不会回家。

据董明珠介绍，自 1995 年 5 月以后，财务就再也没出现过混乱，也再没有应收款收不上来的现象。

在拖欠货款成风的今天，董明珠创造了一个"奇迹"。然而，就像董明珠所说，她能够创造这个"奇迹"，原因其实很简单：不交钱不发货。只要认真坚持下来，就不会有什么拖欠。正因为她坚守原则，所有人一视同仁，所以这些措施才能够很好地贯彻落实。善良不是错，但是如果因为善良而失去原则，那么，这种善良就是一种错。

忍让的标准

我们中国历来是礼仪之邦，提倡"仁义""礼让"，同样强调对别人的错误采取宽容忍让，达到"以礼待人"，和睦相处。历史上，身为上卿的蔺相如曾数次回避大将军廉颇的挑衅，他顾全大局，不计个人得失，宽容大度的高贵人格，最终感动了气势逼人的当朝元老廉颇，廉颇亦负荆请罪，两人重新和好相处，为赵国的安定和平做出了巨大贡献。蔺相如与廉颇的故事成为千古美谈。

宽容忍让，是人与人之间和谐相处的准则。处理学生矛盾的关键是教会学生学会宽容忍让。宽容忍让，意味着从"我"的角度，应当具有"自我批评"的精神。对待自己的错误，毛泽东主张的"自我批评"，历来为人们所提倡。自我批评，就是要正视自己的错儿，首先要找一找自己的过错，然后勇敢地向对方主动承认自己的不对，向别人致歉，以求得谅解。宽容忍让，意味着从"他"的角度，应当具有宽容大度的胸怀，不要紧抓不放，斤斤计较，甚至怀恨在心，而应学会宽容别人的错儿，过往不究，和谐相处。

在武则天统治时期，有个丞相叫娄师德，史书上说他"宽淳清慎，犯而不校"。意思是：处世谨慎，待人宽厚，对触犯自己的人从不计较。

在封建社会，娄师德"唾面不拭"的做法，一直被传为美谈。然而，我们今天看来，这种不辨是非、不讲原则的一味忍让、屈从，以求保全自己的做法，并不是真正的宽容，是要不得的。这是因为，不加分析地对一切凌辱、欺压统统忍受、退让、委曲求全，不仅是十足的自轻自贱，甚或是奴颜婢膝，而且只能起到纵容邪恶势力、助长歪风邪气的作用。这样的"委曲求全"实质上与"姑息养奸"没有多大差别。我们提倡的宽容，是指在一些非原则问题上，不要斤斤计较，睚眦必报。在涉及全局和整体利益的问题上要坚持原则，严于律己，要避免打着宽容的幌子做老好人，而损害全局或整体的利益。

另外，胸襟开阔并非等于无限度地容忍，包容并不等于对已构成危害的犯罪行为加以接受或姑息。但对于个人而言，宽容往往会使人有更好的人际关系，自己在心理上也会减少仇恨和不健康的情感。

对于一个群体而言，胸襟开阔，无疑是一种创造和谐气氛的调节剂。因此，宽容是建立良好的人际关系的一大法宝，以德服人是形成凝聚力的重要武器。只有用"德"去治人，治你的事业和天下，你才会信心百倍地走向成功，同时你的完美个性才能得到体现。宽容是能够让人品德高尚的好习惯。我们应该培养这个习惯，从现在开始，用宽容、豁达的品行，开创我们事业的美好前途。

胸襟开阔不是无原则地容忍、退让。胸襟开阔是一种超脱，是自我精神的解放。宽容要有点豪气。乍暖还寒寻常事，淡妆浓抹总相宜。与其悲悲戚戚、郁郁寡欢地过一辈子，不如痛痛快快、潇潇洒洒地活一生，难道这不好吗？人活得累，是心累，常读一读这几句话就会轻松得多："功名利禄四道墙，人人翻滚跑得忙；若是你能看得穿，一生快活不嫌长。"凡事到了淡，就到了最高境界，天高云淡，一片光明。

忍让要讲究对象

俗语说："有人群的地方就有是非。"的确如此，没有人人前不说话，没有人背后不说人。但是，开口说话也要有分寸，不能信口雌黄，不能搬弄是非。

有一个国王，他十分残暴而又刚愎自用。但他的宰相却是一个十分聪明、善良的人。国王有个理发师，常在国王面前搬弄是非，为此，宰相严厉地责备了他。从那以后，理发师便对宰相怀恨在心。

一天，理发师对国王说："尊敬的大王，请您给我几天假和一些钱，我想去天堂看望我的父母。"

昏庸的国王很是惊奇，便同意了，并让理发师代他向自己的父母问好。

理发师选好日子，举行了仪式，跳进了一条河里，然后又偷偷爬上了对岸。过了几天，他趁许多人在河里洗澡的时候，探出头，说自己刚从天堂回来。

国王立即召见理发师，并问自己父母的情况。理发师谎报说："尊敬的国王，先王夫妇在天堂生活得很好，可再过10天，就要被赶下地狱了，因为他们丢失了自己生前的行善簿，所以要宰相亲自去详细汇报一下。为了很快到达天堂，应该让宰相乘火路去，这样先王就可以免去地狱之灾。"

国王听完后，立即召见了宰相，让他去一趟天堂。

宰相听了这些胡言乱语，便知道是理发师在捣鬼。可又不好拒绝国王的命令，心想："我一定要想办法活下来，要惩罚这个奸诈的理发师。"

第二天凌晨，宰相按照国王的吩咐，跳入一个火坑中，然后国王命人架上柴火，浇上油，然后点燃了，顿时火光冲天。全城百姓皆为失去了正直的宰相而叹息，那个理发师也以为仇人已死，不免洋洋得意起来。

其实，宰相安然无恙，原来他早就派人在火坑旁挖了通道，他顺着通道回到了家中。

一个月后，宰相穿着一身新衣，故意留着一脸胡子和长发，从那个火坑中走了出来，径直走向王宫。

国王听见宰相回来了，赶紧出来迎接。宰相对国王说：

"大王，先王和太后现在没有别的什么灾难，只有一件事使先王不安，就是他的胡须已经长得拖到脚背上了，先王叫你派个老理发师去。上次那个理发师没有跟先王告别，就私自逃回来了。对了，现在水路不通了，谁也不能从水路上天堂去。"

第二天，国王让理发师躺在市中心的广场上，周围架起干柴，然后命人点上了火。顿时，理发师被烧得鬼哭狼嚎似的乱叫。这个搬弄是非的家伙终于得到了应有的惩罚。

理发师肯定没有想到，杀死自己的不是利剑，而是自己的"舌头"。

魔力悄悄话

与人相处，以诚为重。当那些心术不正、好搬弄是非的人，欲置你于死地而惬意时，你的忍让就没有任何意义了。这时，你不妨"以其人之道，还治其人之身"，让他也尝一尝你的"舌头"的厉害。但是，不到万不得已，千万还是要以宽容之心包容他人之过。但与此同时，你一定要端正自己的品行，不要搬弄是非，不要恶意地中伤他人，因为搬弄是非者，往往都没有好下场！

忍辱要有智慧

忍辱需要智慧，没有智慧时这个忍辱叫憋气，就是刚才那样，憋了一下，越憋越憋不住了。有的人就是这样，我们碰见过这样的人，被人骂了一句，然后还跟我说："师父我没事。"我说："你别生气啊！""行！我跟他生气？有什么好生气的！"结果他又挨那人骂了，后来当着面骂，指着鼻子骂，"我说过不生气了，你还要骂我？"然后他又被骂了一顿。"好！你先走啊，咱们回头再说！待会见……"。然后我说："你别生气啊！""不生气才怪呢，这家伙这么不讲理啊，他这种人就是什么软的欺、硬的怕，是不是，你说你不生气吧，你脾气越好，他越欺负你，真是人善被人欺，马善被人骑呀！我为什么要当个善人呢？我要把他打趴下了，他也不敢惹我了，所以打趴下再说，要不然的话，士可杀不可辱！"然后就出去约他决斗，摆上少林拳就开始了。所以说，这种心会随着一种环境变，一下忍，两下忍，越来越多，越来越猛厉，越来越升级，你越来越忍不了，脾气就冒出来了。所以说这个忍辱，你一定要有智慧，而且这个智慧，不要当个事后诸葛亮的智慧，那就很麻烦，事后诸葛亮当时的事解决不了。

你要有"刹那现前智"，就是一碰见事，你这种智慧马上就能够涌现，如果有这种智慧，那你忍辱就是真实的了，否则你就没的办法了。如果现在别人打你，打完你了，你产生定力了。打你的时候"你等着，我是没把刀，我先剁了你再说！哎呀，忍辱啊，呆会把你剁成肉泥以后再忍吧！"这样地想着，这不叫忍辱了，待会儿就没事了吗？实际上说的是什么？你修行是修行了，的确证明你修行了，因为你至少事情过去了，你还能知道这样的关照自己。但是这样修行对付事情的时候，你这个定力还欠缺，所以那种"刹那智"需要现前。"刹那智"现前，就是当你自己碰到这样事情的时候，心里马上知道："哦，这个事情是虚幻的，不真实的。"那么他们如何收拾你的时候，当下你都会进入那种智慧，这就可以了，当然这是成就者的境界，不是咱们现在能做到的。

相传忍辱是佛教六度中的第三度。在《遗教经》中有这样的文字："能行忍者，乃可名为有力大人。若其不能欢喜忍受恶骂之毒，如饮甘露者，不名入道智慧人也。"如此看来，似乎唯有接受一切有理或无理的谩骂，才称得上是真正的忍辱；在《优婆塞戒经》中，需要"忍"的"辱"就更多了：从饥、渴、寒、热到苦、乐、骂詈、恶口、恶事，无一不需要去忍。

难道修行者必须忍受世间一切，才能获得解脱吗？

圣严法师承认忍辱在佛教修行中非常重要，佛法倡导每个修行者不仅要为个人忍，还要为众生忍。但是，所谓"忍辱"应该是有智慧的忍。

第一，有智慧的"忍辱"须是发自内心的。

有位青年脾气很暴躁，经常和别人打架，大家都不喜欢他。

有一天，这位青年无意中游荡到了大德寺，碰巧听到一位禅师在说法。他听完后发誓痛改前非。他对禅师说："师父，我以后再也不跟人家打架了，免得人见人烦，就算是别人朝我脸上吐口水，我也只是忍耐地擦去，默默地承受！"

禅师听了青年的话，笑着说："哎，何必呢？就让口水自己干了吧，何必擦掉呢？"青年听后，有些惊讶，于是问禅师："那怎么可能呢？为什么要这样忍受呢？"禅师说："这没有什么能不能忍受的，你就把它当作蚊虫之类地停在脸上，不值得与它打架，虽然被吐了口水，但并不是什么侮辱，就微笑地接受吧！"青年又问："如果对方不是吐口水，而是用拳头打过来，那可怎么办呢？"禅师回答："这不一样吗！不要太在意！这只不过一拳而已。"青年听了，认为禅师实在是岂有此理，终于忍耐不住，忽然举起拳头，向禅师的头上打去，并问："和尚，现在怎么办？"

禅师非常关切地说："我的头硬得像石头，并没有什么感觉，但是你的手大概打痛了吧？"青年愣在那里，实在无话可说，火气消了，心有大悟。禅师告诉青年"忍辱"的方式，并身体力行，他之所以能够坦然接受青年的无理取闹，正是因为他心中无一辱，所以青年的怒火伤不到他半根毫毛。在禅宗中，这叫作无相忍辱。这位禅师的忍辱是自愿的，他想通过这种方式感化青年，并且取得了效果。生活中还有些人，面对羞辱时虽然忍住了嗔火或抱怨，但内心却因此懊恼、悔恨，这种情况就不能称为"有智慧地忍辱"了。

第二，圣严法师提倡的"有智慧的忍辱"应该是趋利避害的。

所谓的"利"，应该是他人的利、大众的利；"害"也是对他人的害、对大众的害。故事中禅师的做法是圣严法师提倡的忍辱，在这个过程中，法师虽然挨了青年一拳，但青年因此受到了感化。对于禅师来说，虽然于自己无益，但对他人有益，所以这样的忍辱是有价值的；如果说对双方都无损且有益的话，就更应该忍耐一下了。但也存在一种情况，忍耐可能对双方都有害而无益。

所以，一旦出现这种情况，不仅不能忍耐，还需要设法避免或转化它。圣严法师举了这样的例子：一个人如果明知道对方是疯狗、魔头，见人就咬、逢人就杀，就不能默默忍受了，必须设法制止可能会出现的不幸。这既是对他人、众生的慈悲，也是对对方的慈悲，因为"对方已经不幸，切莫让他再制造更多的不幸"。

《金刚经》说"一切法无我，得成于忍"，由此可见忍辱的重要性。智者的"忍"更需遵循圣贤的教导，有所忍有所不忍，为他人忍，有原则地忍。

沉默未必是金

"沉默是金"被很多人所认同，认为有些事情无须过多解释，时间终会让真相大白的，但是很多时候，如果不及时地解决这些问题的话，就会给我们造成巨大的物质上的损失以及长时间精神上的折磨，甚至让我们因此丧失生命。

台湾产的"玛莉药皂"本来是销路很好的商品，但由于一度传说由美国进口的药皂中某种物质含量过大，有害人体，于是它的销量一下子萎缩了2/3。制皂公司在检测产品没有问题之后，决心挽回信誉。

他们在台湾的主要报刊上同时刊出一则《玛莉征求受害人》的广告。说凡是因使用"玛莉药皂"有不良反应的，经医院证明，且复查属实，就可以得到50万新台币以上的赔偿。但要求受害者10天之内将有关证明直接寄到律师事务所。3天以后，他们又刊出这则广告，印出"截至目前，无应征受害人"。

又过3天，广告再次出现，说"应征受害人有两个"，然后说明其中一个没有医院的证明，不受理，而另一个在复查中。再过3天，广告第三次出现，题目为《谁是受害人》，说那个受害人经复查，皮肤红疹为吃海鲜所致，受害人自行撤诉。广告中再次申明，一过10天期限，就不再受理此类案子。

等到超过10天期限后，他们马上登出整版广告，标题为《我是受害人》，说自己才是最无辜的受害者，因为寻遍世界各地，并无"玛莉药皂"致病先例！广告上设计了一副手铐铐着"玛莉药皂"。这则广告一做，果然引起轰动，轰动之余便是"玛莉药皂"的销售量回升。

值得说明的是，广告中有两个应征受害人是公司虚构的，属于做

"假戏"，然而也正是这"假戏"取得了吸引顾客瞩目的效果。

如果"玛莉药皂"的厂商对于谣言采取不予理睬的态度，认为时间会证明一切，那么"玛莉药皂"的销量一定还会受到影响，因为一旦有了坏的影响，人们一般就会采取宁可信其有不可信其无的态度。销售量长期受到影响，导致的则是企业的生存危机，如果企业都倒闭了，还谈什么"清者自清"？所以时间上根本不容许真相的证明。厂商正是采取了巧妙的方式澄清了事实，才让企业的经营状况也得到了好转。

因此，一旦遭到误会，或者诽谤，就需要通过正当的方式消除误会和影响，以减少损失和伤害。

生命中难免会遭遇各种各样的误会，甚至是别人的诋毁。如果我们此时还坚持"清者自清"的古训，那么，受伤害的只能是自己。沉默有时并不是最佳的选择，只有站出来，采用适当的方式澄清自己，才可能消除谣言和不良影响，维护自己的名誉。

不做沉默的羔羊

在社会上，有些人本分、规矩，他们在工作中任劳任怨，在生活中洁身自好，各个方面都达到了社会规范的基本要求。然而，这些人总是吃亏，就算是被人欺负了，遭受了不公正的待遇还是忍气吞声，就像一只"沉默的羔羊"，这种逆来顺受的性格只会导致别人的再次侵害。俄国著名作家契诃夫的一篇文章就足以说明这一点。

一天，史密斯把孩子的家庭教师尤丽娅·瓦西里耶夫娜请到他的办公室来，需要结算一下工钱。

史密斯对她说："请坐，尤丽娅·瓦西里耶夫娜！让我们算算工钱吧。你也许要用钱，你太拘泥于礼节，自己是不肯开口的……呶……我们和你讲妥，每月30卢布……"

"40卢布……"

"不，30……我这里有记载，我一向按30卢布付教师的工资的……呶，你待了两个月……"

"两个月零5天……"

"整两月……我这里是这样记的。这就是说，应付你60卢布……扣除9个星期日……实际上星期日你是不和柯里雅搞学习的，只不过游玩……还有3个节日……"

尤丽娅·瓦西里耶夫娜骤然涨红了脸，牵动着衣襟，但一语不发。

"3个节日一并扣除，应扣12卢布……柯里雅有病4天没学习……你只和瓦里雅一人学习……你牙痛3天，我内人准你午饭后歇假……12加7得19，扣除……还剩……嗯……41卢布。对吧？"

尤丽娅·瓦西里耶夫娜两眼发红，下巴在颤抖。她神经质地咳嗽起来，擤了擤鼻涕，但一语不发。

"新年底，你打碎一个带底碟的配套茶杯，扣除 2 卢布……按理茶杯的价钱还高，它是传家之宝……我们的财产到处丢失！而后，由于你的疏忽，柯里雅爬树撕破礼服……扣除 10 卢布……女仆盗走柯里雅皮鞋一双，也是由于你玩忽职守，你应负一切责任，你是拿工资的嘛，所以，也就是说，再扣除 5 卢布……1 月 9 日你从我这里支取了 9 卢布……"

"我没支过……"尤丽娅·瓦西里耶夫娜嗫嚅着。

"可我这里有记载！"

"呶……那就算这样，也行。"

"41 减 26 净得 15。"

尤丽娅两眼充满泪水，长而修美的小鼻子渗着汗珠，多么令人怜悯的小姑娘啊！

她用颤抖的声音说道："有一次我只从您夫人那里支取了 3 卢布……再没支过……"

"是吗？这么说，我这里漏记了！从 15 卢布再扣除……喏，这是你的钱，最可爱的姑娘，3 卢布……3 卢布……又 3 卢布……1 卢布再加 1 卢布……请收下吧！"史密斯把 12 卢布递给了她，她接过去，喃喃地说："谢谢。"

史密斯一跃而起，开始在屋内踱来踱去。"为什么说'谢谢'？"史密斯问。

"为了给钱……"

"可是我洗劫了你，鬼晓得，这是抢劫！实际上我偷了你的钱！为什么还说'谢谢'？""在别处，根本一文不给。"

"不给？怪啦！我和你开玩笑，对你的教训是太残酷……我要把你应得的 80 卢布如数付给你！喏，事先已给你装好在信封里了！你为什么不抗议？为什么沉默不语？难道生在这个世界口笨嘴拙行吗？难道可以这样软弱吗？"

史密斯请她对自己刚才所开的玩笑给予宽恕，接着把使她大为惊疑的 80 卢布递给了她。她羞羞地过了一下数，就走出去了……

对于文中女主人公的遭遇，我们能用什么词汇来形容呢？懦弱、可怜、小格局？就像鲁迅先生说的："哀其不幸，怒其不争。"生活中，如果我们无端地被单位扣了工资，我们的反应又该怎样呢？

　　人活着就要学会捍卫自己的利益，该是你的你无须忍让。除了抛弃这种"受气包"的心态，还要从心理上认同，有时"斤斤计较"并不丢脸。

不泄一时之恨

读懂了宽容，才算读懂了人生。一个不懂得宽容别人的人，内心是狭隘的，精神上也会变得苍老；一个不懂得宽容自己的人，会因为把生命的弦绷得太紧而伤痕累累，抑或断裂。我们都是一棵棵有思想的芦苇，却常常因为弱小易变的天性而使得自己的内心不够强大。

莎士比亚说："有时，宽容比惩罚更有力量。"有宽容之心者脚下没有绝路，心胸狭窄之人眼前尽是阴影。怀着一颗宽容之心与博爱之心奏响最嘹亮的生命畅想曲，天堑亦会变通途。见过大风浪的人具有一种海洋般豁达的气度，遇到事情不会斤斤计较，挥一挥手让事情过去，继续专注自己的事业和人生；而阅历不足、见识不深的人，就会纤毫必争、睚眦必报，陷入没完没了的烦恼中，哪里还有精力去做大事呢？不能承受伤害的心灵是脆弱的，不能谅解并宽容异己的心灵是狂暴而可怕的，因为仇恨不仅伤害别人，也折磨自己。此时，宽容显得尤为可贵。只有学会宽容，才有足够的心力去承担生活的重荷。

一位先哲曾说过："人如果没有忍让之心，生命就会被无休止的报复和仇恨所支配。"因此，在生活中，我们一定要学会忍让，因为忍让是让我们获得心灵平静的法宝，也是做人的需要。

在社会上，我们难免与别人产生摩擦、误会，甚至仇恨，但只要在自己的仇恨袋里装上忍让，那就会少一分烦恼，多一分快乐。

忍让说起来简单，可做起来并不容易。因为任何忍让都是要付出代价的，甚至是痛苦的代价。

森林里，狗熊突然闯进了小蜜蜂的家。它趁小蜜蜂们都外出采花粉时，偷吃了一大桶蜂蜜后，溜回了自己的家。

小蜜蜂们回家后，见辛辛苦苦酿的蜜被狗熊偷吃了，都十分气愤；它们聚集在一起，商量着要去找狗熊报仇。

一位过路的神见了，便说："你们原谅狗熊一次吧，不然，你们在报复它的同时，自己也会受到伤害的。"

"不，此仇不报，我们心中的怨气就难消。"领头的那只小蜜蜂对神说完这句话后，便领着其他的伙伴，浩浩荡荡地出发了。

正在家里酣睡的狗熊被嗡嗡声惊醒时，才发现自己被成千上万只小蜜蜂团团包围住。狗熊忙爬起来逃命，可小蜜蜂们仍穷追不合，它们纷纷把身上的毒针狠狠地向狗熊刺去。

狗熊浑身被刺得全是大大小小的包，又痛又痒了好几天。而那些把毒针留在狗熊身体里的小蜜蜂们，回去后没多久就全死了。

人和人之间相处难免会有一些不愉快的事发生，尤其在这科技日益进步、经济日益发达的社会中，到处充满了来自生活环境、工作、升学等的压力。那些受压力影响的人们，性情容易变得暴躁，情绪较不稳定，冲突往往一触即发。

许多人血气方刚，常常就为了发泄一时心头之恨，而糊涂地犯罪，造成了终身遗憾和家人的不幸，实在是太不值得。其实只要在做事之前多一分考量，并以清晰的头脑，心平气和的态度去面对，就可以避免人与人之间所有的不愉快。

梦窗国师有一次渡河，船已经起航了。这时来了一位带刀的将军，喊着船夫载他过去。全船的人都说，船已开了，不可回头。船夫也喊着，要他等下一班。这时梦窗国师说："船家，船离岸不远，还是给他一点方便吧！"船夫看到是一位出家人讲话，就回头去载将军。没想到将军一上船，正好站在国师身边。他举起鞭子就抽打国师，并吆喝着："和尚！走开点，把位子让给我！"鞭子打在梦窗的头上，鲜血汩汩地流着，他却一语不发。过了河，梦窗国师跟着大家下了船，走到水边默默地把脸上的血洗净。

这时蛮横的将军，对自己的恩将仇报很惭愧，就过去向梦窗国师道歉。而梦窗国师却心平气和地说："不要紧！出门在外的人心情总是不太好!"

显然,梦窗国师的大度是值得我们学习的。

忍让,是中国的传统美德,也是一门大学问。俗语说得好:"忍一时风平浪静,退一步海阔天空。"就是说明忍让不论在人格、品行还是待人接物上的重要性。如果大家能重视并学习忍让,社会必会祥和,而世界也将处于和睦快乐的境界中。

在人与人之间的日常交往中,磕磕碰碰是难免的,但只要不是原则性的问题,就应该各自主动退让,宽以待人,少计较得失,这样有利于减少矛盾,维护人际间的和谐,于人于己,都是有益的事情。

忍一时与忍一世

酒、色、财、气，人生四关，我们可以滴酒不沾，可以坐怀不乱，可以不贪钱财，却很难不生气。所以"气"关最难过，要想过这一关就须学会忍。

忍什么？一要忍气，二要忍辱。气指气愤，辱指屈辱。气愤来自生活中的不公，屈辱产生于人格上的贬损。在中国人眼里，忍耐是一种美德，是一种成熟的涵养，更是一种以屈求伸的深谋远虑。

"吃亏人常在，能忍者自安"，是提倡忍耐的至理箴言。忍耐是人类适应自然选择和社会竞争的一种方式。大凡世上的无谓争端多起于小事，一时不能忍，铸成大错，不仅伤人，而且害己，此乃匹夫之勇。凡事能忍者，不是英雄，至少也是达士；而凡事不能忍者，纵然有点愚勇，终归城府太浅，难成大事。人有时太愚，小气不愿咽，大祸接踵来。

忍耐并非懦弱，而是于从容之中冷对或蔑视对方。

无论是民族还是个人，生存的时间越长，忍耐的功夫越深。生存在这世上，要成就一番事业，谁都难免经受一段忍辱负重的曲折历程。因此，忍辱几乎是有所作为的必然代价，能不能忍受则是伟人与凡人之间的区别。

"能忍者自安"，忍耐既可明哲保身，又能以屈求伸，因此凡是胸怀大志的人都应该学会忍耐、忍耐、再忍耐。

但忍耐绝不是无止境的让步，而要有一个度，超过了这个度就要学会反击。

一条大蛇危害人间，伤了不少人畜，以致农夫不敢下田耕地，商贾无法外出做买卖，大人不放心让孩子上学，到最后，每个人都不敢外出了。

　　大家无奈之余，便到寺庙的住持那儿求救。大伙儿听说这位住持是位高僧，讲道时连顽石都会被点化，无论多凶残的野兽都会被驯服。

　　不久之后，大师就以自己的修为，驯服并教化了这条蛇，不但教它不可随意伤人，还点化了许多处世的道理，而蛇也从那天起仿佛有了灵性一般。

　　人们慢慢发现这条蛇完全变了，甚至还有些畏怯与懦弱，于是纷纷欺侮它。有人拿竹棍打它，有人拿石头砸它，连一些顽皮的小孩都敢去逗弄它。

　　某日，蛇遍体鳞伤，气喘吁吁地爬到住持那儿。"你怎么啦？"住持见到蛇这个样子，不禁大吃一惊。"我……"大蛇一时间为之语塞。"别急，有话慢慢说！"住持的眼里满是关怀。"你不是一再教导我应该与世无争，和大家和睦相处，不要做出伤害人畜的事吗？可是你看，人善被人欺，蛇善遭人戏，你的教导真的对吗？""唉！"住持叹了一口气后说道，"我只是要求你不要伤害人畜，并没有不让你吓唬他们啊！""我……"大蛇又为之语塞。

　　忍耐是一种智慧，但一味地忍让真就成了一种懦弱，凡事都有一个度，把握好这个度，才是正确的处世之道。

　　总之，善忍，须懂得忍一时风平浪静，忍一世一事无成的道理，当忍则忍，忍无可忍时，则无须再忍！

　　如何掌握忍让这个度，乃是一种人生艺术和智慧，也是"忍"的关键。这里，很准说有什么通用的尺度和准则，更多的是随着所忍之人、所忍之事、所忍之时空的不同而变化。它要求有一种对具体环境、具体情况作出具体分析的能力。

强者自救　圣人救人

人生究竟应该以德报怨，以怨报怨，还是以直报怨呢？然而，我们的人生经验会告诉我们，有的人德行不够，无论你怎么感化，恐怕他也难以修成正果。人们常说江山易改，禀性难移。如果一个人已经坏到底了，那么我们又何苦把宝贵的精力浪费在他的身上呢？现代社会生活节奏的加快，使得我们每个人都要学会在快节奏的社会中生存，用自己宝贵的时光做出最有价值的判断、选择。你在那里耗费半天的时间，没准儿人家还不领情，既然如此，就不用再做徒劳的事情了。

电影《肖申克的救赎》中有一句非常经典的台词："强者自救，圣人救人。"不要把自己当作一个圣人来看待，指望自己能够拯救别人的灵魂，这样做的结果多半是徒劳无益的，何不将时间用在更有价值的事情上呢？

当然，我们主张明辨是非。但是要记住，对方错了，要告诉他错在何处，并要求对方就其过错补偿。如果不论是非，就不能确定何为直。"以直报怨"的"直"不仅仅有直接的意思，"直"，既要有道理，也要告诉对方，你哪里错了，侵犯了我什么地方。

有人奉行"以德报怨"，你对我坏，我还是对你好，你打了我的左脸，我就把右脸也凑过去，直到最终感化你；有人则相反，以怨报怨，你伤害我，我也伤害你，以毒攻毒，以恶制恶，通过这种方法来消灭世界上的坏事。其实，二者都有失偏颇，以德报怨，不能惩恶扬善；以怨报怨，则冤冤相报何时了？

经济学家茅于轼陪一位外国朋友去首都机场，打了辆出租车，等到从机场回来，他发现司机做了小小的手脚，没按往返计费，而是按"单程"的标准来计价，多算了60元钱。这时候有3种方法可以选择：一是向主管部门告发这个司机，那么他不但收不到这笔车费，还将被处罚；二是自认倒霉，算了；三是指出其错误，按应付的价钱付费。

外国朋友建议用第一种办法，茅于轼选择了第三种，他说，这是一种有原则的宽容，我不会以怨报怨，也不会以德报怨，而是以直报怨。如我仅还以德，那么他将不知悔改，实质上是在纵容他；我若还以怨，斤斤计较，则影响了双方的效率与效益；我指出他的错误，然后公平地对待他，则是最直截了当的方法。

生活中人们不可避免地会被他人侵犯、伤害或妨碍，有的人可能是无意中冒犯了你，有的人可能是为了某种原因冲撞了你，有的人可能是为了一些蝇头小利而让你反感。这些算不上大奸大恶，多是道德领域中的小事，未必能达到法律的高度。咽下去，心有不甘；针锋相对，实在不值。

每个人都能看到这条标语：这个村庄曾经富裕过！

可是，现在这里一片荒凉，寸草不生。每个路过的人都对这句话感到好奇。很多人还是继续前行，因为不远处有一个叫作和"爱之源"的美丽村庄。

人们聚焦在一个老人身边，他是村庄的首领，听他讲这样一个故事：

在这片贫瘠的土地上曾经有一个富有的年轻首领，他和他的人民只知道吃喝玩乐。

一天，一个陌生人来乞讨，不是为了自己，而是为了他的村民，因为他的村子里发生了饥荒。

但是，富有的年轻首领和村民们将他拒之门外，并责骂他破坏了他们的雅兴。一天，他的村庄被地震毁掉了。

这个年轻首领不再富有，只能靠乞讨为生。你们猜他遇到了谁？

他遇到了他曾经拒绝帮助的那个陌生人。那个陌生人欢迎他的到来，并给他食物和建筑材料以帮他重建家园。年轻首领很惭愧，他问陌生人为什么要对他这么好。

陌生人回答道："我不相信报复，我要重新给你一次机会帮你重建家

1x园，平静地生活。"

_____

年轻的首领到家，把那片荒地留了下来，以提醒自己记住那些玩忽职守的日子，并在附近重建一个新的村庄。因为首领的领导公平正直，村庄渐渐富裕起来了。这就是为什么他给这个村庄起名"爱之源"。

"我就是那个愚蠢的年轻首领。"那个老人最后说。

有人开玩笑说："以德报德是正常现象；以怨报怨是平常现象；以怨报德是反常现象；以德报怨是超常现象。"以怨报怨，最终得到的是怨气的平方；以德报怨，除非真的到达一定境界，否则只会让你心中不知不觉存积更多的怨。其实，做人只要以直报怨，以有原则的宽容待人，问心无愧即可。

宽容不是纵容，不要让有错误的人得寸进尺，把错误当成理所当然的权利，继续侵占原本属于你的空间。挑明应遵守的原则，柔中带刚，思圆行方，既可以宽容错误的行为，又能改正他的错误。当人们面对伤害时，以德报怨恐怕大多数人都做不到。不必为难，你只需以直报怨就好了。不必委曲求全，也不要睚眦必报，有选择、有原则的宽容，于己于人都有利。

第九章
控制情绪　修炼仁慈心

人们常说,"冲动是魔鬼"。日常生活中,许多人都会在情绪冲动时做出令自己后悔不已的事情来。因此,学会有效调控自己的情绪,是一个人走向成熟的标志。

有些不如意的事情,只要你接纳它,承认它是自己生活的一部分,悲愤的心情自然会消失,随之而来的就是坚韧的意志力量。以接纳的态度去看待挫折和屈辱,反而能使自己振作起来。就好像你必须接纳水,才能游过河;如果你惧怕它,不敢下水一泅,那就永远过不了烦恼之河。

别让情感超越理性

当人的情感超越了理性，与其进行积极有效的沟通就会很困难。愤怒的情感就像个小偷，偷走了你的部分理智，让你说出了一些事后感到懊悔的话，甚至做出一些伤害感情的事。因此，要充分认识到控制情感的好处，掌握控制情感的有效方法。

首先，我们要对控制情感有个全面认识。

控制情感，对我们来说是有很多好处的：面对具有挑战性的个人和环境，可以选择较好的应对措施；当必须面对压力时，你将变得更加冷静和平和；你能帮助别人缓解愤怒情绪；与人交往时避免粗暴的行为和语言。

控制情感包括下面3条：控制自己的愤怒；控制别人对你的愤怒；控制压力和消极情绪。

控制情感分为两个阶段：第一阶段，在对别人生气作出反应之前。重要的是设法控制自己的情绪；第二阶段，当别人恼怒、沮丧并开始向你发难时，你自己应准备好恰当的应对措施。

控制情感的方法有3种：欢迎情感、融合情感、改变情感挡位。

1. 欢迎情感

情感并不总是受欢迎的，因此很多时候我们都在主动压抑自己的情感。有时，压抑情感是有意义的，那是因为我们没办法控制出现的感觉。所以我们就会选择忽视这些情感以及情感中包含的信息。但如果这种压抑成了一种习惯，我们就会失去情感所包含的信息价值。

因此在其他时候，我们必须让自己体验一种感觉，甚至是欢迎这种情感，不管它是意料之外的、不受欢迎的还是令人不快的。如果选择不去体验这种感觉，我们则要浪费很大的精力。试想，如果我们哀悼一位挚爱的朋友却努力压抑自己的悲伤会怎样？恐怕这种压抑不会起积极的作用。

2. 融合情感

感觉糟糕可能成为好事，感觉很好也可能成为坏事——这完全取决于环境、涉及的人以及你的目标。有时，保持一种不快的情绪是有好处的；有时，迅速振作起来，变得快乐或者平和却尤为重要。亚里士多德曾说过："任何人都可以突然生气——这很容易。但是，要对合适的人、以合适的程度、在合适的时间、为了合适的目的并以合适的方式生气并不容易。"

我们要对自己的情感作出明智的选择。这样做就意味着我们要将情感和思想统一在我们的行动中，要求我们对情感保持平衡、平和的心态，既不将情感压在意识表面之下，也不过分夸大情感的重要性。如果不能做到以上两点的话，就说明我们太理性了或者太意气用事了，因为情感平衡的目标应该是有理性的激情。

这并不是说我们绝不应该体会或者根据强烈的情感采取行动。事实上，在很多时候，这样做是很明智的选择。例如感到快乐时，我们唱歌跳舞来庆祝，这种快乐可以表现得淋漓尽致。当发生暴力的人身攻击时，我们愤怒的情感会一触即发并且不断加剧，这就促使我们采取行动来保护自己不受攻击。

3. 改变情感挡位

如果你认为自己不会改变情感挡位，那么你就错了。在现实生活中，谁都遇到过这种情况：起初情感很强烈，然后马上改变了自己的感觉方式或行为方式。例如，你正朝着一个同事或家人大喊大叫，突然电话响了，你拿起电话时则会很平静地说："你好！……"

在此基础上，可以通过练习来改变情感换挡的技巧。

首先，试想一个情境：在头脑中勾勒某个情景，你自己处在这种情感状态中。想象一种打扰了这个情境的事情，如电话铃声、敲门声、别人喊你的名字或者有人走了进来。

然后思考，当这些事情发生时，你的感觉是怎样的？为了改变你当时的举动，你能够做些什么？

其次，控制情感，需要保持大脑的清醒，让自己的情绪平静下来。

应了解你为什么生气，是什么导致你情绪失控。比如：

当你感到没有选择和机会时；

当你处于身体和感情的困境时；

当你受到不公平对待时；

当你由于犯错误而对自己失望时；

当某事或某人阻碍你的意愿实现时；

当你感到某人与你的价值观相悖时，如对你撒谎；

其他因素等。

最后，通过以下步骤来实现控制情感。这些关键的步骤仅需几秒的时间就能够在控制感情和爆发怒火之间造成不同的结果。这些步骤能够帮助你冷静下来。

（1）放慢你的呼吸频率，温和地说话，做一个深呼吸并放松。

（2）了解你的情感。你是否感到难堪、被冒犯、受惊吓或感到迷惑？是哪些特定的环境导致你的情感失去控制？例如，当你为如期完成任务而冲刺时，你可能变得烦恼不安。

（3）了解导致你生气的真正原因。你是否因为被无辜地指责做了某事而感到难过？

（4）准备一套方案来应对把你作为出气筒的人。该方案是一个行动计划。如果你有一个应对计划，你就会较容易地控制感情。通用异步收发传输器系统是一种用来对付发怒者的有效方法。

1．理解

认真而冷静地倾听，让发怒的人谈出他的感受。用你自己的话复述一遍你认为生气的人想说的内容。

2．道歉

大多数发怒的人认为他们受到了不公正对待。他们在听到诚挚的道歉后，怒气会小一些。

3. 解决问题

竭尽所能解决问题。如果你不能马上解决，请解释你能够做什么以及将在什么时候彻底解决这个问题。大多数时候，人们的火气会在这种交谈中消失。如果他们仍在生气，而你已经开始感到你的情绪正在失去控制，这时请你采取下一个步骤。

4. 休息一会

你如果感觉到下面一种或多种情况即将发生，就是到了该休息的时候了：

情绪变得危险；

你将要说出一些令你后悔的话；

对方开始喊叫，脸涨得通红；

你无论说什么或做什么都没有用；

你或对方的情感正失去控制。

休息的时间可以从 5 分钟到 24 小时不等，地点可在任何地方。你可以这样说："我需要几分钟来确认一些事。我们彼此都花几分钟时间再想一想，我们可以 15 分钟以后再谈吗？"

当遇到不可避免的情况发生时，高情商的人会积极地面对否定他的人。如果你在生活中以积极和客观的方式对待一个否定你的人，你将帮助他明白，其行为是如何影响别人以及妨碍他自己的事业成功的。事先准备一套办法会使这种面对更有效。这套办法应该包括对此人行为的客观描述，并真诚地解释他的行为是怎样影响你的情感的。

设想一个否定者是你项目团队中的一员。他经常抱怨什么都不如意，对任何改进措施都大挑毛病。他对工作非常不满意并且他的态度影响了团队的其他成员。

那么以下是一套可行的应对方案：

（1）给你自己一个积极的信条。

例如："我能谈论他的消极态度及其对我的影响。"

（2）客观地描述对方的行为。

例如："当我们提出一个解决办法时，你说它为什么不会有用。"

（3）描述对方的消极态度怎样影响你。

例如："我感到苦恼，因为我们没有把足够的时间花在怎样让项目运转起来上。相反，我们把时间用在了分析解决方案的错误上。"

（4）如果对方的消极行为没有改变，告诉他你准备做什么。

例如："如果你继续这样做，我就让你知道我的感受。而且，我会在没有你参与的情况下完成任务。"

（5）遵守你的承诺。

此外，如果压力持续了较长时间，人将变得筋疲力尽。长期的压力会干扰大脑的注意力和逻辑性，这使得你更加难以应对生气的同事、沮丧的客户和总在发号施令的上司。当你身心健康的时候，或者积聚你的个人能量时，你可以有效地处理各种压力。

锻炼可以增加你的心跳和呼吸的频率，可以使你减轻压力。许多健康专家建议每天活动20～40分钟，每周活动3～5次。即使活动量很小也是有帮助的，并且活动随着年龄的增长日趋重要。一个有效的活动计划可能是每周有5次每次半个小时轻松的散步。

幽默感对你和别人都是重要的。你是否因看戏剧、电影或听笑话而捧腹大笑？捧腹大笑可以加快心跳、加速呼吸、增加大脑中的内分泌激素。注意不要拿别人取乐，但是要和他们一起从每天的事件里寻找快乐。

魔力悄悄话

关心是与别人进行积极的情感接触。积极的情感接触包括给予或接受支持、鼓励以及帮助别人。给予的爱和关怀会在大脑中形成产生好感觉的化学物质，使给予者和接受者都从中获益。

自我调控的能力

自我控制能力（简称自控能力）是自我意识的重要成分，它是个人对自身的心理和行为的主动掌握，是个体自觉地选择目标，在没有外界监督的情况下，适当地控制、调节自己的行为，抑制冲动，抵制诱惑，延迟满足，坚持不懈地保证目标实现的一种综合能力，表现在认知、情感、行为等方面。良好的自控能力是 21 世纪所需要的创新型人才的必备素质。

一个人只有正确地认识和评价自己，才能提高自我控制的动机水平。

一个有顽强毅力的人在受到挫折时不会垂头丧气，在成功时不会趾高气扬，在冲动时不会横冲直撞。

自控行为的多次重复就可形成良好的习惯，从而降低自控行为引起的紧张感，使自控行为容易完成和保持。

控制自己往往是在自己理性的时候，而不想控制自己往往是在感性的时候。所以用理性的目标似乎不能解决感性的问题。

我想每个人都有这样感觉，没有人能够完全避免，所以只能改善。

首先不要有压迫自己的感觉，试着在生活中找一些自己做起来感觉舒服的事，比如你所说的放纵，偶尔的放纵，然后再为自己制订一些小计划，难度不要太高，但一定要完成，完成不了，再找找原因，找一本心理历程的笔记本记下来，在迷茫的时候看看会帮助你改善自己的自控能力。

就拿减肥来说，一般胖子总是食欲旺盛。在大多数情况下还能控制自己，然而人总有情绪不好的时候，这时如果觉得自己心情已经不好了，还要限制这限制那，感觉更不爽，于是就敞开肚皮大吃一顿。这样减肥计划又中断了。

再比如抽烟，有很多人明知道抽烟有害身体健康，可就是无法控制自己；有时虽然控制一段时期，偶尔遇到烦恼，就给自己寻找借口再抽一支，于是又回到从前；这也是自控能力差的结果。所以在感性的时候如何让自己意识到后果，并引导自己去理性地思考，这应该是解决自控能力差的一个方法。

如果经常性地出现这种情况，不要忌讳找找心理医生，或找亲密的朋友聊聊，加强体育锻炼也可以改善自己的自控能力。

总之，自控能力差的人是干不了大事的，如果你目前还有远大理想没有实现，请你要不断加强自己的自控能力。

有一首歌唱道，"我必须发泄自己内心的各种情感"，但是这并不意味着你也非得按照演唱者的做法如法炮制。

毕竟，我们可以发挥自己的作用，帮助自己处理好各种情绪，因为我们具有自我调控的能力。

进化过程中，大脑杏仁核极可能就用其记忆模板来对付诸如"难道我就坐以待毙？我能否逃生？"这类问题。要回答这类问题，必须对当时的局面有敏锐的判断力，并马上不假思索地行动，切忌停下手中的事情，慢吞吞地考虑，再作出反应。

大脑应急反应依然遵循古老的策略，即增强感觉的敏锐性，停止复杂思维的运行，激发机械自动的反应。尽管这种反应模式在现代生活中可能有着明显的缺陷，但是大脑依然我行我素。

对躯体来讲，在家与上班两者并无特别差异，但不论压力来自何处，都会一点点积累起来。

如果我们已经处于过分紧张的状态，那么小小的一点烦恼也会给我们带来麻烦。这里有着生化因素：当杏仁核敲击到大脑的"恐慌键"时，就会诱导一种促皮质激素不断地分泌出来，最后，产生出大量的紧张激素，主要是皮质醇。紧张时分泌的激素达到一定程度时，就发出或是战斗或是逃跑的命令。而且激素一旦开始分泌，就会在体内存留数小时。随后的每件烦恼事都会给原来的激素增添新的紧张激素。激素不断积累使杏仁核一触即发，遇到一点点小挑衅，就会勃然大怒，或惊恐万状。如果继续保持压力，最后的结局很可能就是爆发，或出现更糟的情况。

情感自我调节不仅包括缓解痛苦或抑制冲动，而且也指根据需要能有意识地激发出一种情绪，有时，甚至是一种不愉快的情绪。例如，医生要告诉病人或其亲属不幸的消息时，他们往往把自己也置于一种忧郁、难过的心情。因此在零售或其他服务业，到处都要求服务员礼貌友好地接待顾客。

有人认为，若要求员工表现出某种情绪，实际是迫使员工为了保住饭碗，不得已而付出的一种沉重的"情感劳动"。如果老板命令员工必须表现出某种情绪，结果只会使员工自然表露出来的情绪与其要求背道而驰。这种情况叫作"人类情绪的商业化"，这种情绪商业化表现为一种情感专制的形式。

如果仔细地考虑一下，就会发现这种观点只说对了一半。决定其情感劳动是否沉重，关键在于人们对自己工作的认同程度。如果一个护士自己认为应当关心他人和富于同情心，那么，对她来讲，花些时间以理解的心情体谅患者就不会是包袱，而且会使她觉得自己的工作更有意义。

情感自我调节的观点并不是说要否认或压抑真正的情感。例如，"坏"心情也有其用处。生气、沮丧、恐惧都能成为创新力量或与人接触的动力。愤怒可以变成强有力的动力，特别是希望消除不公正或不平等时。共同分享悲伤，可以使人们凝聚到一起。只要不被焦虑所压垮，因焦虑而产生的急迫心情也可以激发人们的创新热情。

情感的自我调节也不是要求过度压抑或控制一切情绪和自发的冲动。事实上，过分压抑会造成身体和心灵的伤害。人们在克制自己的情绪，特别是很强的消极情绪时，心跳会加快。这是紧张增强的一种征兆。如果长期这样情绪压抑，就会干扰思维，妨碍智力，影响正常的社交往来。

在感到绝望时，学会在自创的故事中获得希望将是十分有益的。

（1）回忆一段你处理得很好的感情冲突——这起冲突涉及你和另外一个人，起初情况很棘手，如果处理不好会产生十分严重的后果，但是，最后问题得到了很好的解决。

（2）涉及的人是谁？

（3）当时的一些细节是什么样子的？

（4）产生感情冲突的原因是什么？

（5）每个人（包括你自己）都做了些什么？

（6）解决问题的途径是什么？

（7）你从中学到了什么？

（8）感情危机得到解决的时候，你的感觉是怎样的？

（9）记下当时的具体情况。在笔记中要包括感情词汇，用你的笔记讲述一段你自己的故事，故事要能够引起强烈的回忆和希望。

这个故事就成了在艰难时期鼓舞你产生积极情绪的工具。你最好迅速地并且绘声绘色地把这个故事讲一遍。即使你只是想起了这个故事的情景和感觉，你也已经朝着积极情绪的方向迈进了。

研究表明，发怒是由内心的愤怒所产生的，那么很明显，在失控状态不断升级以前及时拦截它，就显得非常重要。为了做到这一点，我们首先需要认识产生愤怒的原因。人们经常通过散步休闲、阅读、看电视、听音乐，或做一些放松性活动来拦截自己的愤怒情绪。另一个颇为有用的技巧是，假设你认识某个对压力具有良好自控能力的人，研究他的控制方式并询问自己：如果处于我现在这样的情境中，他会怎样做或怎样说呢？

影响情绪的一个重要因素，是内心的自我对话。当遇到麻烦时，我们也许会陷入一系列的愤怒思考中，例如，责备、怨恨或作出"我要报复你"的回应。

为了有效地制止这些消极的回应，应该尽快消除这些不健康的想法，使自己的心灵迅速进入平静状态。

（1）回忆你过去曾经经历过的愤怒时刻。重新体验你当时的所有思想、情绪和行为。

（2）想象你的面前有一个巨大的红灯，在你的内心大声疾呼"停止"。

（3）现在做一个深呼吸，想象自己正在把所有的消极念头和情绪都吐出去。

（4）想象自己越来越平静，放松片刻。在这种安宁的气氛中走进自己的身躯，重新体验你在愤怒时曾经拥有的想法、情绪和行为。

（5）如果需要，反复做这一练习。

　　压力把我们逼得快发疯时，再遇到事情当然是糟透了，或至少是相当让人烦躁恼火的。当压力一个个接踵而至时，就不再是简单的累积了。此时，人们感到承受的压力成倍地增长。结果，每一个新增的压力都令人更难忍受。"加一根稻草就会压垮骆驼"。我们濒临崩溃。这形象地说明了为什么平常并不在意的小麻烦却突然间变成了摧枯拉朽的压力。

了解情绪智力

情绪智力是指能够理解自己的情感，对他人的情绪情感感同身受的能力以及为了改善自己的生活控制情绪的能力。情绪智力涉及很多内容，但主要包括以下 5 个方面：

1. 自我知觉

能够了解自己的心情、需要以及对他人产生影响的能力。自我知觉还包括利用直觉做出能够使自己快乐生活的决定的能力。

2. 自制

能够控制冲动，排除焦虑，将气愤情绪控制在合理范围内的能力。自我控制能力强的人在事态没有按照计划发展的时候能够有效控制过度发脾气的行为，进而避免造成不必要的损失。情绪自控能力差的人往往不能成就事业。

3. 自我激励

能够发现工作的乐趣，而不仅是为了金钱和地位而工作的能力。自我激励能力往往包括良好的恢复能力、持久的生活热情、坚韧不拔的毅力以及乐观精神。

4. 移情

能够对他人非语言表达的情感作出反馈的能力，也指根据他人的情绪反应作出相应反馈的能力。移情之所以重要，是因为工作中有许多情况需要对他人的情绪作出恰当的反应。

5. 社会技能

能够有效建立人际关系网络、管理人际关系，并且营造良好人际关系的能力。

虽然有许多项目旨在帮助人们提高自己的情绪智力，但是越早发展这种能力对个人的发展越好，因为情绪智力形成和发展的重要阶段是儿童时期。当然人们在成年后也可以学习如何提高自己的情绪智力，对于成年人来说，虽然已失去了儿童这一宝贵的情绪智力发展时期，但"亡羊补牢，犹未为晚"，只要采取积极有效的方法，相信个人的情绪智力会有较大提高。

关于情绪智力的研究认为，自我意识是情绪智力的一个关键方面，与智力相比，它对于预测人的成功更为有力。自我意识是掌握自己的核心能力，自我管理首先依赖于自我意识，其他技能也与自我意识有密切联系并建立在自我意识的基础之上。例如，发展自控、明确优先级和目标，以及帮助个体建立自己的生活方向。

自我审视的功能是为顿悟建立基础，没有自我审视，就不会有成长。

顿悟是"哦，我现在知道了"的感觉，它必须有意识或无意识地先于行为的改变。实现顿悟——对自己现实的、坦诚的审视，了解自己真实的样子虽然很困难，甚至有时你会体验到精神上的痛苦，但它们是成长的基石。因此，自我审视是对顿悟的准备，是自我理解的种子破土而出，逐渐发展成为行为的改变。

自我了解是提高管理技能的核心。

除非我们知道自己现在所具有的能力水平，否则我们不能提高自我或开发新的能力。大量证据表明，那些有更好的自我意识的人更为健康，在各种角色扮演上更为出色。

另一方面，自我认识可能会阻碍个人提高而不是促进提高。原因在于个人会频繁地逃避成长和新的自我认识。为了保护自己的自负或自尊，人们抵制获取额外的信息。如马斯洛所指出的："我们往往害怕任何将使我们轻视自己或使我们感到卑微、虚弱、无价值感、邪恶和羞耻的认识。"我们通过压抑和类似的防御机制来保护我们自己的形象，这是我们用以回避感觉为不愉快或危险的真相的必要技术。

因此，寻求自我了解是成长和提高的前提条件与激励因素，但它也可能阻碍成长和提高。

　　关注自我意识的另一个重要原因是，它可以帮助人们发展判断自己与交往的其他人之间重要差异的能力。有大量的证据表明，管理的有效性与人们是否有能力识别、鉴赏以及最终利用人们之间存在的关键而重要的差异紧密相关。

　　自我认识会帮助个人理解自己认为理所当然的假想、触发点、舒适区、优势和不足，这种了解对于所有人都是有用的，它能帮助我们在与其他人交往时更有效和更有洞察力。它也能帮助个人更为完整地理解自己的潜能在将来的职业角色中的价值，以及自己相对于其他人的特定优势。自我认识可以让我们了解自己所具有的特殊天赋和优势，并且使我们充分利用我们的才能。

　　同样，判断其他人基本的差异也是有效管理的一个重要部分。对其他人的不同观点、需要、倾向的觉察和领会，是情绪智力和人际技巧成熟的关键部分。差异帮助我们理解人们之间误解的潜在来源，并给我们提供如何更好地共同工作的线索。但是，大多数人都有这样的倾向：愿意与和自己相似的个体交往，喜欢选择和自己相似的个体共事，排斥那些和自己不同的个体。人类战争和冲突的历史证明了这样的事实，即差异往往被理解为威胁性的。尽管培养相似性似乎使我们与其他人交往更容易，但它也降低了我们的创造力和解决复杂问题的能力，以及在工作中挑战权威观点的可能性。

　　没有自我表露、分享和相互信任的交流，自我意识和对差异的理解就不可能发生。自我认识要求理解和评价差异，而不是制造区别。我们鼓励你使用你发现的关于自己和他人的信息来获得成长与发展，同时珍视交互中的双方。

　　第一个领域是个人价值观，它是行为动力的核心，其他全部的态度、倾向和行为都源自个体的价值观。

　　第二个领域是学习风格，它指个体收集和加工信息的方式。

　　第三个领域是变革取向，它关注于人们用来应对环境变化的方法。

　　第四个领域是人际取向，它是指以特定方式与他人互动的倾向。

　　自我意识的这4个方面组成自我概念的核心。价值观决定了个体关于什么是好和坏、有价值和没有价值、渴望的和拒绝的、真和伪、道德和不道德的基本标准。学习风格决定个体的思想过程、知觉以及获得和存储信息的方法：它不仅决定个体接受什么类型的信息，而且决定这些信息如何被解释、判断和如何对信息作出反应。变革取向决定个体的适应性，它包括个体对模糊环境的忍耐程度和在变化的条件下倾向于为自己的行为负责的程度。人际取向决定了在与他人交往中最可能出现的行为模式，个体开放或封闭、斩钉截铁或缄默、控制或依赖、亲切或冷淡的程度，在很大程度上取决于其人际取向。

自我意识还涉及诸如情绪、态度、气质、人格和兴趣等基本上有关上述4个核心概念的问题。我们看重什么，我们如何去感受各种事物，我们针对不同的人如何表现，我们想得到什么和我们被什么所吸引，都深受我们的价值观、学习风格、变革取向和人际取向的影响。自我的其他方面都是在类似这些最重要的基石上构建起来的。

自我意识训练不仅有助于个体提高其自我理解和管理的能力，而且对帮助个体理解人们之间的差异也是重要的。大多数人经常碰到与他们有不同风格、不同价值观系统和不同观点的人，大多数劳动力群体也正变得更加多样化。因此，个体将在工作和学习环境中遇到更大的多样性，而自我意识训练将成为帮助他们认同和理解这种多样性的有价值的工具。

做自己的情感导师

就像其他形式的指导一样，你必须有专门的自我指导。这些包括：

知道你的性情；

锻炼聆听能力和同情心；

理解；

接受你的阴暗面；

对情绪转变负责；

熟悉你的性情。

我们既需要乐观也需要悲观，因为两者都是重要的。为了和谐地工作，两者我们都需要。当机会允许的时候要注意从一边转化为另一边。看完下面的对比之后可以停顿一下，思考一下将自己放在情感性情的什么位置。

经常说乐观者认为这可能是世界上最好的，而悲观者则害怕是这样。悲观者认为自己杯子里的水只有半杯，而乐观者认为还有半杯呢！各有各的好处，当我们要完成工作的时候我们要乐观，当我们得到太多时需要悲观来面对现实。乐观会使我们的期望和能力膨胀，而悲观使它们缩小。

沉思者面对伤害他们的事物比较平静，对细小的冒犯不会计较，但是当他们认为冒犯很严重时，就会对别人几个星期或几个月前的缺点予以回击。相反，激动者没有经过思考就说话，经过他们就忘记了。沉思者有情绪上的自闭症，而激动者后悔他们的冲动。有时我们既需要沉思者的思考的能力又需要激动者的情绪。

仁慈——沐浴在美德之下

轻松的人习惯不对情感刺激过度反应，而紧张的人则相反。如果你是轻松的人你会经受更少的痛苦，但是会错过别人的一些细微差别。如果你是十分容易紧张的人，你会发现你比轻松的人敏感，并且这种敏感会使你在情感平衡中付出很大代价。

对于内向的人，他们的内心很重要，而外向的人则相反。内向的人认为其他人是地狱，而外向的人会认为孤独的一个人才是地狱。这种分类似乎有点混乱，因为许多内向的人有很好的社交能力，而有些外向的人在社交上很笨拙。从感觉上来说，外向的人比较注重其他人的感受，而内向的人比较注重自己的内心感受。

你可以在生活的某一领域是乐观者，在另一领域是悲观者。例如，很多时候一个人在生活上扮演情感的一种角色，在工作上则相反。有时候我们表现出一种性情，例如当处于没有压力的环境时是轻松，在有压力的环境则是紧张。同样，我们会发现我们有时从内向转为外向，或相反。在自我发展中不是让自己固定为一种性情而是能够使自己经历其他的。

良师益友的作用就是当我们过于偏向某一端的时候给予我们指导。例如我们的内心导师会说："你太冲动了，你应该多思考一下而不是让自己冲在最前锋。"内心导师了解性情是很重要的，否则他会从另一面说话。在那些情况下内心导师会用假的愉快的乐观主义来代替悲观主义。他们会说"一切都还好，你就等着看吧"之类的话。被保护者从另一面来看待问题的观点和他们看待问题的观点有很大差别。

听力是指内心的听力。如果内心导师因为自己的事情而烦躁就会妨碍他们准确的听力。全神贯注取决于听到的东西和对它的反应。所以，内心导师在给予有益的帮助前应该聆听。一个很好的方法是用10秒钟的时间写下你所听到的，写的时候不管标点、逻辑、语法，不带有审查和判断地写，直到规定的时间为止。最后，不厌其烦地看看结果。重要的是过程而不是结果。

移情不同于同情，会更容易让人接受。成为别人同情的对象比较丧失体面和令人感觉羞辱。说"我和你有同感"不同于说"我同情你"。前者将别人放在一个与自己平等的位置上，任何一方都没有优越感。

当你个性的导师的一面来倾听你自己的时候，你是在叫你的另一面来描述他们的情感。你被鼓舞并且不作任何判断，只是让这个过程呈现出来。通过锻炼你将会非常快地发展这种能力。你有能力明白人的智慧像最深的井一样的深奥。发展这种能力的关键包括：

首先知道你发生了什么事情；

避免问"为什么"，因为它代表了判断能力；

问问别人的感受；

要学会移情，而不是同情；

聆听自己。

当一个人遇到情感障碍的时候，他会使他周围的人感觉到自己的困难。这在工作和比较亲近的朋友之间较容易发生，被称为情感反射。重要的是你反射别人，或者你被反射的时候自己能够觉察到。

例如，当一个女人被一个男人约了很多次以后不见关系的进一步发展就会很生气。但是不同的是他走了以后，她的心情就好了。随着她的情感能力的发展，她知道自己的气愤和男人反射给她的气愤的不同。她可以取下她无意间拾起的反射，并将它还给男人。这个男人也想使关系进一步发展，但是他是一个科学家，逻辑和理智高于一切。所以，情感对于他来说很陌生。因为他没有自己的感觉，他使自己周围的人很生气。

反射可以传染，从一个人传染到另一个人。例如你会指责自己的同事，几天后你的老板又会指责你，你不能容忍这种情感，于是将它转给其他人，其他人又转给另外的人。但是如果你意识到了。你就会避免使其他人不开心并且重要的是公正地对待对自己工作上的批评。

内心的指导者就是发现这些反射并且告诉被保护者。关键的指示有：

你感觉一个情感不像是你的。例如当你嫉妒的时候，你发现别人的嫉妒和你不一样。

你对某人的存在有强烈的感觉，而当他离开的时候，这种感觉消失。

你发现几乎所有的事物没有经过你的同意就离开了你。这是一种很难觉察的微妙的感觉。感觉就像你半知半解的事物而你却无法接触到它们。

对于反射，重要的是不要对其他人控告它。这会使它更加的防卫并且敌视你。而且你有可能是错的。如果你感觉到情感反射给了你，那么这是一个对付它们的好机会。如果你发现自己无法忍受在团队中的忧愁和寂寞，你可以对付孤独的感觉。

情商的发展使我们看到自己不喜欢或者是不愿意接受的事情。这一范围被称为影子。我们不能看到它们，因为我们将它放在我们的背后，但是它与我们紧密联系，无论我们走到哪里，它都会跟随着我们。年轻的时候我们不断地将事情放在影子里，随着年龄的增长越来越多，直到中年的时候，影子会变得很长。自我和影子是对立的两个方面。自我否定影子并且将它反射到其他人的身上。

在影子里并不是所有的事情都是否定的。有时候，人们将自己的优点放在影子里，我们许多人会隐藏我们的才干，因为我们害怕其他的人发现我们的不易接受。随着我们的痛苦感受的进行，我们压抑的特性显现出来。如果我们可以接受我们不理想的一面，我们就不会将事情放在我们的影子里。

内心导师的作用就是让你不要接受自我所认为的表面的价值。如果你总是发现自己讨厌某人或者某事，你就值得看看你的影子发生了什么。当你处于受指导的状态，你最好尽可能温柔不带有评价地对待自己。自我原谅和耐心是最好的治疗。通过不憎恨自己而是接受自己不完美的地方，你就可以打破影子反射的循环。

情感可以改变我们。从生物学角度说，恐惧使我们逃跑，爱鼓励我们，为了生存所有的这些都是需要的。从心理学角度说，傲慢改变我们对自己的看法，焦虑使我们看得更远，孤独使我们再一次和世界联系。从精神上来说，希望需要的是我们的态度而不是结果。气愤和理解净化我们的心灵，沮丧是对生活的宽恕。

情感由我们的思想、信仰和我们周围的事件所产生。所有的情感都有正反两面。所以，即使是最消极的情感也可以转变为积极的。内心导师的作用就是将消极的情感转变为积极的。

　　情感引导不能只停留在理论上，还要付诸行动。这个任务你必须亲自做，你需要3件东西：笔纸、一个安静的房子、属于你的时间。每周说45分钟，如果你觉得有趣可以延长时间。在这个时间里，无论你做什么，不要觉得是负担，不要觉得这是你必须做的事情，要认为这是因为你喜欢或者是为了自己的发展而做的。

　　有必要记下你和你的内心导师的对话。刚开始的时候你也许会觉得很愚蠢，但不要告诉别人。

　　分清楚你和导师声音的不同。如果你不记下来，整个过程就会失败。

　　针对某一特定的事实让我们知道我们正在想什么，然后开始情感转变过程，让我们知道自己在完成情感发展中的任务。只有这样情商才能起作用。